未来 的你，
终将感谢
现在拼命的自己

苏简安 - 著
SUJIANAN WORKS

中国言实出版社

图书在版编目（CIP）数据

未来的你，终将感谢现在拼命的自己 / 苏简安著
. -- 北京 : 中国言实出版社，2015.4
ISBN 978-7-5171-1261-7

Ⅰ. ①未… Ⅱ. ①苏… Ⅲ. ①人生哲学－通俗读物
Ⅳ. ①B821-49

中国版本图书馆CIP数据核字(2015)第069862号

责任编辑：李连成

出版发行　中国言实出版社
地　址：北京市朝阳区北苑路180号加利大厦5号楼105室
邮　编：100101
编辑部：北京市西城区百万庄路甲16号五层
邮　编：100037
电　话：64924853（总编室）　64924716（发行部）
网　址：www.zgyscbs.cn
E-mail：yanshicbs@126.com

经　销　新华书店
印　刷　山西人民印刷有限责任公司
版　次　2015年9月第1版　　2015年9月第1次印刷
规　格　889毫米×1194毫米　1/32　8.625印张
字　数　156千字
定　价　32.80元　ISBN 978-7-5171-1261-7

目　录　　　c o n t e n t

第 01 章

宁做一日英雄，不做一世毛虫

02

人生如棋，落子无悔

人生就像一盘棋局，你永远不会预料到结果是什么。但是当你每走一步棋的时候，都应小心谨慎，并且怀着虔诚的态度。

时光走了不会再回来，犯的错误不会平白无故消失。你的人生路，不应走的盲目。

人生如棋，落子无悔。

小伟哥在我小时候就是一个传奇人物。

那个时候我家在镇子上开着一家小餐厅，客人来来往往，生意也不错。叱咤风云小伟哥从学校毕业后，就来到我们的小镇工作。他们一群年轻人性格风风火火，是那种看你不顺眼就能直接揍你的人。

我爸是唯一能让他们安安分分坐下来，让他们不敢说个一二的人。当然，那个时候我也挺惧怕这一伙人的，特别是小伟哥。

那个时候的他一脸青春痘，大冬天的也只穿一件短袖，外面套件薄的运动衫，下面永远是破着洞的牛仔裤和旧球鞋。

在那个年代很流行留一头长发，就像一头过于肥胖的刺猬，竖着它长长的刺。原谅我这贴切的形容。这大概就是现在说的“乡村非主流”吧。

我也不清楚我惧怕小伟哥的具体原因，大概是因为他一跺脚，一声怒吼就能吓得人往边上乱躲。他们都说他没心没肺。看见一个七老八十的大娘，牙都掉光了，戴个假发坐在餐馆外面休息一下，他都会跺上一脚，怒吼一声把人家吓瘫在地上。

不过小伟哥是一个很仗义的人。这种仗义大概是因为他是出来混的，如果不仗义，他大概也混不到最后。

有一次小伟哥的哥们出了事情，女朋友也跟着别人跑了。小伟哥操起刀就要去砍那个抢哥们女朋友的小白脸。

结果没把别人砍着，自己却被抓了起来。

我们那个年代，蹲局子是一件很令人惊讶的事情。小伟哥在里面蹲了几天就被放了出来，厂子里因为他没有请假而算旷工，准备开除他。但是碍于他“光鲜”的形象，迟迟不敢下手。所以他一出局子就屁颠屁颠去找厂长，因为接近月末，要开始发工资了。厂长也没办法，给了他一个月的工资。小伟哥拿到工资后直接请自己的朋友们吃了一顿好的。

当然，还是在我们家的餐馆。

吃完那一顿，小伟哥的工资所剩无几，接下来的日子里他只好找他的那些哥们借。那群人都是月光族，工资恨不得掰成两半花。他们还有女朋友要养。

小伟哥没有女朋友，因为小伟哥长得丑。

出来那么久，小伟哥是很少回老家的。听他那些兄弟说，他们这一群人差不多都是一个村的，就算不在一个村，离的也不远。小伟哥的父母都还在种庄稼，只有小伟哥一个儿子。

饶是这样，小伟哥在过年的时候也很少回老家。反正我们餐馆过年也很少关门，每当这个时候，小伟哥就会拖着他的旧球鞋，来到我们餐馆一起过年。他从不提起家人。过中秋节的时候，小伟哥就和其他兄弟一人买一盒月饼，给我爸送过来。然后大家又聚在一起过中秋。

闲来无事，他们都会来我们家餐馆玩。

有一次，我记得是夏天，太阳毒辣，小伟哥的妈妈从老家来看他。小伟哥的老家离我们镇子说远不远，说近不近。那个时候这里没有轻轨，他的妈妈是坐大巴车来的，差不多要五六个小时左右。天不亮坐车，然后到镇子上的时候就已经到要吃午饭的时间了。

小伟哥的妈妈带着一篮子鸡蛋，还有一千元钱。小伟哥本来就不是一个能攒得住钱的人，朋友借不到钱，到处欠着债，自然就想到了父母头上。他带着他妈妈来餐馆，我爸说坐了这么久的车应该吃些清淡的。其实他的妈妈年纪只比我妈大一点，但因为在农村种田，忙于农活，从来不打扮自己，所以看起来比较显老。

我爸给她熬了一锅粥。

她和小伟哥坐在一起吃饭的时候，一直询问小伟哥过得怎么样，大概是小伟哥平时也不爱给家里打电话。所以她一看见他，问的问题自然就多了起来。这种时候，小伟哥的那些朋友都很自觉的没有出现，也不知道是害怕他妈妈看了会担心还是怎样。

小伟哥就闷着头听着，听烦了，就顶她两句。然后她就再也不敢问什么了。

第二天我们吃午饭时，小伟哥来店里，他穿着一身新衣服，自己拿了个碗就坐在我旁边吃了起来。我爸问：“你不叫你妈来吃饭？”

小伟哥说：“昨天下午就走了。”

他的那些朋友也有家人来看的。我记得有一个哥哥的妈妈也是来看儿子。带了他们那里的特产，席间那个哥哥一直很孝顺地给他妈妈挑菜，听她笑着，絮絮叨叨地讲话，过几天她走的时候，还塞给她一些钱。

我爸骂小伟哥，问他为什么不留他妈妈住一晚上，大老远提一篮子鸡蛋过来，吃顿饭就走这样像话吗？

小伟哥一句话不说，闷头吃饭。我感觉他眼底有些湿润，不知道是不是我的错觉。

小伟哥母亲的事情只是一个插曲，小伟哥依旧在镇子上叱咤风云。他依然抢小孩子的玩具，依然吓唬戴假牙的大娘，依然笑话我的个子，依然喜欢揍人。

偶尔有人给他介绍女朋友，他都不乐意。其实不光他不乐意，那些女孩子也不乐意。跟着这些人混的，无非是看着在这个圈子里有些地位，然后出手大方，有些样貌的大哥。而小伟哥什么也不是。

他只有在夏天打着赤膊，露出一胳膊的刺青窝在网吧，一泡就是几个通宵。

我家的餐馆生意一如既往，父母在大学城边置了一套房，准备给我以后读书用。而当时的我极少回家，更不要说看见小伟哥了。

有几次我回去，看见他依旧是那样。满脸的青春痘，脚下拖着一双烂球鞋。他看见我还是会嘲笑我的个子，但是面容不再像以前那么凶恶。

我想，或许是小伟哥疲倦了这样的生活。这样毫无安全感、一丝暖意都没有的生活。

也不知道是因为年岁的缘故，还是因为生活给了他太多的磨砺。

和他同行的一群人里有几个因为沾上不该沾的东西，开始逐渐成瘾。最后几人一起商议在路上拦劫货车收取过路费。小伟哥没有去。

去的那几个人因为这件事被抓进了局子，不知道要被判几年。甚至到我家餐厅转让出去时，他们都还没有出来。

之后我再也没有见过小伟哥。

后来，当我毕业参加工作后，我听说了小伟哥的消息。是他以前的兄弟告诉我爸后，我爸才在闲谈时聊了几句。

他说，小伟哥回了老家，和一个相亲认识的女孩结婚了。在老家安安分分地做着小生意，性子早不如往日张扬，行事也低调了许多。

我还是很庆幸小伟哥当初没有和那几个人一起拿着西瓜刀去拦劫货车。

不然，他一定不会像现在这样。

虽然我并不知道，他觉得这样幸不幸福。

人生走过多少路，当你回头一看，许多事情好像就在昨天，

或许有些事情愚蠢得让你都觉得厌烦。别只顾着懊悔，趁现在还来得及，大胆往前跨，去走好你人生的每一步，去完成你人生里每一段精彩的路程。

那将会是你人生中，最好的棋局。

为梦想散发的所有焦虑，都可以用行动解决

有的人每天做的最多的一件事，就是去惶恐自己的人生。当他看着别人获得成功时，往往开始焦虑不安。而能够解决焦虑的唯一办法，并不是无止境地惶恐紧张，也不是望着旁人的成功心灰意冷。

亲爱的朋友，请不要过多责备自己，也不要太过心急。你要知道，这个世界很大很大，大到没有谁愿意去听所有人的秘密。**你所有渴望实现的梦想和目标，在你选择付诸行动的那一刻起，永远都不算迟。**

小燕姐是一个急性子的人。过年的时候她来我家，提着一大包礼品。一见到我爸妈就亲热地问好。她是我老家的邻居，是在一个院子里长大的伙伴，她比我大三岁。小时候那些大人就调侃我俩，说让小燕姐当我媳妇，反正女大三抱金砖，这样一来我也不吃亏。

所以在我流着鼻涕跟在小燕姐身后转的时候，小燕姐就特别讨厌我。有几次我抢她手里的糖，她往往就会一巴掌给我甩过来。

我这种不知死活的人往往是没有脸皮的。一如既往地跟着她，久而久之，她也不赶我走了。哪怕是后来我在她后面乱讲话，说她和她们班上哪个哪个人好上了的时候，她也一声不吭，最多转过来瞪我一眼。

我小学毕业的时候，小燕姐中考，因为发挥不理想，所以并没有考上理想的高中。小燕姐一家就决定让她读职业学校，去学些技术，到时候也好出来混口饭吃。

那个时候小燕姐选择了学纺织，以后毕业了，到纺织厂里面。不出意外的话，干个几年就升职，然后守着铁饭碗一直干下去。

这样算下来也好像并没有什么不行的。

小燕姐当时并没有什么反抗，就听着爸妈的话，乖乖去职业学校上学了。

小燕姐在职业学校读了一年，就被安排到厂子里了。那个时候我已经读初二了，很少能见到她，有的时候在镇子上遇见，她也是一脸憔悴的模样。我以为是她读书读傻了，后来我才知道不是，是她的父母给她介绍了一个男人。

那个男人比小燕姐大五岁，长得虎头虎脑，随时一脸憨笑。家里有几亩田，也有些积蓄，他跟清秀温柔的小燕姐比起来，简直就是两个档次。

小燕姐当然没有答应，但是父母好说歹说，一直相劝。小燕姐家里除了她，还有一个哥哥。她哥哥还没有娶媳妇，家里情况确实有些紧张，她父母天天就给她施压，一直让她嫁人。终于有一天，小燕姐受不了了，骗她爸妈说去上班，结果偷偷坐车北上了。

第二天她父母才反应过来女儿不见了，年过五旬的两位老人，这才意识到事情的严重性。他们和乡亲们一起在周边村子寻找小燕姐，可是此时的小燕姐早已坐车远去，他们怎么能找到？而潇洒远去的小燕姐只留下一张纸条，上面写着：燕雀安知鸿鹄之志哉？

那时我刚好学了这篇课文，把里面的意思讲给我爸妈听，我爸妈唏嘘不已，我妈红着眼叹息：“真希望那娃，不会有个三长两短。”

此后几年，我们家时不时就会给小燕姐家里拿些钱。小燕姐走后两年，她的父母为她哥哥操办了一场婚事，翻新旧屋，哥哥家还添了一个男丁。小燕姐却几乎不与他们联系，每次小燕姐给我们打电话，总会含糊地问起家人情况。她终究是放心不下。

差不多七年后，小燕姐辗转联系到我家，并提着大包小包来我家过年。我们都很好奇她这些年过得怎么样。

这时候的小燕姐，已经不再是当初的那个农村姑娘了。浑身名牌，服装剪裁得体，面容精致，谈吐得当。谁会想到这就是当年那个从职业学校毕业，在厂子里混日子的小姑娘呢？

她把这些年所有的情况，全都讲给了我们听。

本来，从小小燕姐就是一个喜欢画画的人。但家庭条件不怎么样，父母无法供她学画画，因此小燕姐只有自己省钱买绘画书，进行自学。那时她想要的很简单，只要可以继续画画那就是最好的事情。

但是当她进了纺织厂以后，她感到深深的绝望。那段时间，她晚上睡不着觉，一直在问自己：难道我就该这样平凡？难道我就永远被困在这个厂子里？我酷爱画画，我想一直画下去，为什么就不能实现？

这样的焦虑像恶魔一样，霸占着她每一个白天黑夜。那段时间的小燕姐，面无光彩，眼睛浑浊，像是没有灵魂一般。

而家里给她介绍相亲对象的事情，更是彻底将她推到了悬崖边。她不甘于臣服，所以决定反抗。

她先是去了上海，白天在那里的纺织厂上班，晚上就去夜校读书。甚至报了画画速成班，勤奋的她参加了成人高考，考到了一所不错的美术学院。在美术学院的日子，她兼职给别人画小漫画，晚上在大学外的街道摆摊卖一些小饰品。就这样，她从一个不起眼的外来人口，慢慢在这座城市生根发芽。

毕业后，她四处投简历，并开始在网上发布自己的漫画作品。作品一出，立即引起众人瞩目，她受到高度追捧。

由此，她得到一家知名工作室的邀请。

但人生并非就此一帆风顺。

从一开始只身来到上海，独自打拼，再到后来成为一个小有名气的漫画作者。她从来只相信，只有从现在开始，从这一步开始走，不后退不回头地走，才有机会成功。

在她被别人排挤，受到那些时尚女孩无形嘲讽的时候，她强忍心酸。在她没有报酬，睡在一个小出租房，连续几天吃着三包泡面的时候，她没有想过要回到那个村子里，没有想过要回到那个昏暗没有梦想没有明天的纺织厂里。

我妈问她现在的情况，她一脸笑意，唇角轻抿："现在自己开了一家工作室，在上海买了房子，已经找到一个男朋友，准备过两天带着男朋友回老家见父母。"

她得先回家，见一见父母才行。

第二天，小燕姐离开我们家，回到了村子里。给村子里带了许多礼物，同时还资助了村子里的学校。当时我和她一起回的老家，她的父母早已双鬓斑白，看见她一身鲜丽，抱着她痛哭起来。

她的哥哥牵着胖乎乎的儿子和她嫂子一起，迎接她的回来。

当年和她同届，一起进入纺织厂的同学，大多依旧在纺织厂。有的还是小职工，好点的升到了组长。大多数人结婚生子，不用化妆品不会穿衣打扮，去一趟菜市都计较青菜怎么比昨天贵了一毛半。

我突然很庆幸当年小燕姐没有继续在原地焦虑，而是勇敢地踏出了第一步。

如果当年小燕姐嫁给了那个虎头虎脑做农活的男人，恐怕也就没有今日真心相爱、互相珍惜的男友。

如果当年小燕姐继续待在纺织厂等着升职加薪，恐怕也就没有这实现梦想的一天。所以，所有的美梦不会白白等着你来实现。

任你惶恐、胆怯，也毫无作用。幸亏小燕姐不甘于此，并且明白，只有付诸行动，梦想才会开始一步步实现。

如果你也有着梦想，并且想要实现它，那就行动起来，不要惧怕累和苦，坚持下去。

毕竟所有好的梦想，都有实现的可能。

活到老学到老，你有什么资格对你的梦想说迟

这世间千言万语，不及一件事情动人心魄，那便是长久以来的坚持，与默不作声的学习。

遇见朱伯伯是在花明柳媚的春天，那时我正在火车车厢里，心中郁结万万千。关于工作、关于梦想、关于未来、关于爱情，一切好像抵死相缠的线，剪不断理还乱。

准备上火车前，检票口涌进很多人，大多数人面带倦意。许是太漫长的等待，太笨重的行李磨掉了耐性，唯独只有小孩子开心地嬉闹着。从 8 号车厢走到 15 号车厢，行人匆匆，行

李箱滚过地面发出“轰轰”的响声。火车里热气扑面而来，味道不怎么好闻。我商量着和邻座的人换了位，看着窗外飞驰而过的姹紫嫣红，感慨万千。心中念道：前尘旧事烦恼俗愿，通通都随风去吧。

我座位对面坐着一对从湖南回川的老夫妻，男人慈眉善目，女人温柔优雅。那位男人自称姓朱，我叫他朱伯伯。仿佛是一见如故，朱伯伯面对我，一下打开了话匣，开始娓娓道来过往种种。他离家已有四十年光景，家乡变化何其大。二十二岁那年，他娶了坐在旁边的赵阿姨，是包办婚姻。那年赵阿姨也不过十六七岁，正是青春大好年华。赵阿姨本是有爱慕之人，不过那人听闻赵阿姨已嫁作人妇伤心欲绝。于是便去了湖南，从此音信全无。

当时的赵阿姨对这门亲事悔恨不已，在冰凉的夜色之下，“扑通”跪地，满脸泪痕地乞求朱伯伯成全她和那个男人。年轻时的朱伯伯，一无所有。长得不够俊俏，没有让人心生崇拜的本事，更没有一技之长。因为酷爱古时名家大师的画作，所有钱财都拿去做了收藏。能够给赵阿姨最好的物质仅仅是破烂的泥巴屋和苟延残喘的老黄狗。当然，还有做不完的家务活。

虽然不舍得新婚妻子，但朱伯伯还是痛下决定。心痛地叹了口气，对赵阿姨说：“赵梅，你走吧，我去给你收拾衣裳，去湖南路途遥远，你一个妇人自己要注意安全……”

第二天赵阿姨就收拾好了行李踏上了去湖南的路，朱伯伯着实放心不下，跟了过去。初到湖南，朱伯伯和赵阿姨的钱财用尽，又没有一技之长，无奈只得进了工厂，以劳动力换取那一分半毛的工钱。别说养活赵阿姨，那时的朱伯伯就连自己都养不起。朱伯伯半个月瘦了十五斤，原本高高大大的一个人，好像一瞬间就瘦成了这副模样。赵阿姨问他为什么甘愿这般为她付出。朱伯伯说，我们还没有离婚，所以我不能让你受苦。

或许是被朱伯伯的这句话感动，就在那一瞬间，赵阿姨泪如雨下。

赵阿姨对他说："朱军，我不找那个男人了，我想和你好好过。"

这句话让朱伯伯的眼里有了那么一丝光亮。就好像乌云密布里全然挣脱的太阳，那么耀眼。

生活就像一根尖锐的刺扎在朱伯伯的身上，血流不出，有苦难言。那时他做着最累的最脏的活。

不敢年轻气盛似的转身走人，因为一转身就是死路，撞死了都不通。

赵阿姨开始心疼朱伯伯，说："回去吧。"

朱伯伯当时说："以前是为了养活你，现在是为了证明我自己。在老家的时候，没钱了搬家里的东西出去卖，自己吃别人剩下的都行。现在可不一样了，回去了就证明自己连最简单的事都不能做到，只是一个懦夫，一个失败者。小梅，希望你能理解我，只是苦了你。”

就这样朱伯伯和赵阿姨毅然决然留在了湖南。两年过去了，朱伯伯与赵阿姨生活有了改善，可是朱伯伯依旧视自己为失败者。两年过去了，跟他一同进厂的人也坐上了主管的位置，而他依旧只是个工人。

那年朱伯伯二十四岁。所有血气方刚的年龄里该有的激情、冲动、理想与抱负全都浮现。一日傍晚，朱伯伯怒不可遏地打翻了装满热水的脸盆，转身而去，一夜未归。

那一夜朱伯伯和赵阿姨不曾合过眼，赵阿姨找遍了所有地方，急得半死。而朱伯伯在山顶，抽了一根又一根的烟，脑海中想着，要一直这样下去，一辈子受苦受累么？答案是否定的。

从那一刻起，朱伯伯更加坚定，誓要证明自己的决心。把自己的梦想先放一放，目的是为了更好地把梦想实现。

又是两年过去，朱伯伯再也没有收藏过一幅名家大师的书画，而他也不曾拿起过画笔，他付出了所有努力去提升自己，并且开始在工厂里学习酿酒技术。不久后，他坐上了主管的位置。又将自己平时学习的酿酒知识教给赵阿姨，终于，两人倾尽所有开了家酒坊。

日子开始好起来，他们还在湖南的城中心买了两套房子。

就这样过了十五年。

信息化的时代彻底来临，BP 机、大哥大到现在的手机。

朱伯伯四十岁时，膝下五个子女，每一个他都觉得不能亏待。他总是尽量想要给他们最好的生活，最好的物质，所以终于有能力实现自己心中向往的画家之梦时，又是一拖再拖。

朱伯伯五十岁的时候买了电脑，请人手把手的教会了他怎样使用电脑，并且每天自学绘画知识。虽然当时西画盛行，朱伯伯还是专研于国画精粹。他说，老一辈的艺术才是经典。可是当朱伯伯面对国画时，却是那么的可望不可及，因为无人指导更无从下手。

朱伯伯说："年轻的时候有的不只是梦想，还有一家人的生活重担。如果我不努力早就被主管的棍子打死了，如果我不奋斗连谈梦想的资格都没有。不怕没有希望，怕的是有希望你又怕苦怕累。一辈子就这样过去了。"

五十五岁的朱伯伯带着赵阿姨，坐上回川的火车时，遇见了我。

朱伯伯带了两个箱子，里面装的全是书，有关于太极的、推拿的、书法的，有国画还有简单的素描与油画。

朱伯伯的脸上总是神采奕奕，在他教给我简单太极招式后，开始跟我说起他的故事。半生的时光，短短几个小时就讲完了，好像当初的苦就是吃了一块坏掉的糖，那么无关痛痒。

聊起我，我笑了笑，说："或许我比伯伯幸运一些，我从小学习画画，上大学学的也是绘画专业。”朱伯伯神色立马变得严肃起来，小心翼翼地问我：“素描难吗，平时要注意什么，是不是真的可以一会儿就画出个人来？”

见他如此感兴趣，我试探性地问道：“要不我教你一些基础知识？”

那一刻我看见他眸子似住进一个太阳，突然变得光芒万丈，他立马翻出了纸和笔。我看着朱伯伯由于常年辛劳而斑白的发，不由对他心生敬畏。

朱伯伯说：“要相信眼前的苦难总是短暂的，只要心中有梦，总有一天会实现的。只要还活着就会有希望。”

到站的时候朱伯伯说“有缘再见”，我说“好”，下了这列火车，再见已是不容易。

我不知道你是否和我一样，面对这个老人的梦想，觉得他心中的信仰是一件完美无瑕的艺术品。太多人口口声声地说着有梦，但是又有各种各样不能实现的理由。

记得在火车上朱伯伯问我，我的梦想是什么。我说我想做一个作家，可是我时运不济，就去学画画了。幸好也很爱画画，刚好填补了我生命的空缺。

朱伯伯问我：“不遗憾么？”我哑口无言，到底是遗憾的。朱伯伯笑着说，“年轻人，有梦就去做，不要怕，我这么大年岁的人都敢，你有什么不敢。活到老学到老，有梦就去做，更何况你还有大把的青春。”

对，活到老学到老，我们坚持梦想，又有什么资格对梦想说迟，说不可能呢？只要还活着，只要还有梦，一切都不晚。加油！

每一个不曾起舞的日子，都是对生命的辜负

蝴蝶破茧而出，花朵结苞而绽，烟花升空而绚。一切的美丽及梦想都经过努力而重获新生。

但倘若你不努力去尝试实现它，那么它永远都只是你日复一日、午夜惊醒的梦。时间的流逝就是对稍纵即逝生命的浪费。

他说：“每一个不曾起舞的日子，都是对生命的辜负。”

他姓孙，叫阿久。久字在我们家乡口音里是狗的谐音，但这并不是他常常遭到嘲笑的原因。他被笑是因为村里的孩子觉得他和我们不一样，身为一个男孩子却那么喜欢跳舞。在乡下，

跳舞是件很娘们的事，更何况，阿久跳的是芭蕾舞。

阿久长得很好看，白白净净的脸，瘦瘦长长的身体。但这些恰恰又成为了证明他很娘们的理由。学校有个破烂的角落，就像鬼屋一样，我在那里第一次看见传说中的“娘们跳芭蕾”。阿久穿着白色的衣衫不停踮脚，跳跃，旋转。实话说，挺好看的，虽然有点生硬。可惜，阿久是个男生。

跟我一起到那里的同学都捧腹大笑，我不想太突出，也跟着哈哈大笑。眼角都差点笑出泪来，但是在笑什么，可能连我自己都不知道。阿久的动作一刻都没有停顿，继续踮脚、跳跃、旋转……他甚至没有看我们一眼。男同学逐渐感觉无趣，纷纷回家，只有我留了下来。

我坐在已经开始腐朽的秋千上看着他跳舞，想不通他为什么顶着那么多的嘲笑仍要坚持明明是没有用的事。夕阳已经落到了只余三分之一，温柔的夕照给他镀上一层光。他的舞姿不娴熟不正规，甚至跳得也不完整。我就在那里看他笨拙地跳到天黑。

我不知道自己为什么会被他吸引，但是在那之后的每个傍晚我都会过去看他跳舞。渐渐地，他也默许了我的存在，有时候在学校碰见我，他还会看着我点点头。只是很长的一段时间他都没有进步，舞步还是那么生硬青涩。

终于有一天我忍不住开口叫住了他。

我说："不是我打击你，但是你一点进步都没有，还要顶着别人的讥笑讽刺，为什么还要继续跳，何必做这种徒劳无功的事情？"

他停下来喝了一口水，直接躺在秋千旁的地上，声音缓慢而沉稳地说："为什么要理会别人的嘲笑，在意别人的眼光？我喜欢跳舞，我就坚持它，不可能为了不在乎的人而放弃梦想吧，那样才是真正的不值得。我暂时跳不好，只是一时半会儿的事，总有一天我会努力跳出我想要的舞蹈。这是我的梦想！"

"梦想……"我跟着喃喃了一句。

他侧过头说："对啊，梦想。你肯定也有吧？"

"我想写一本书，一本属于我的小说，上面署着我的名字，里面的人物故事完全由我构造。"

"这就是梦想啊，你的作家梦。"

"可是，我连个完整的句子都还没写出来过。"

"慢慢来，要一直写，一直坚持地写下去。千万不要停下来。有一天你回头看，可能就发现自己不知不觉写了很长的文章，走了很长的路。甚至，可能你已经成功了。这样不是很好吗？"

跟他聊完后，我才知道，他是带着这么坚定的信念去坚持自己梦想的。所以后来，我也是带着那样的信念去翻山越岭、跋山涉水去寻找灵感，只为接近我的梦。

忘了说，阿久在学校出名的原因还有一个，他是学霸，总拿全年级第一。后来，中考的时候，他考上了市里的重点高中，我这种只有语文稍微好一点的学渣自然是要跟他分道扬镳了。那时还没有手机，我和阿久就那样失去了联络。

大学我选了汉语言文学专业，毕业就去了一家报社做记者。我渐渐能写出长篇大论的文章，但是打拼得很艰苦，从一个任人呼来唤去的新人到稍有发言权的采编，途中的辛酸泪不为人知也道不详尽。

直到后来主编下的一个任务我才又与阿久重遇，即采访一名知名海归舞者。

神奇的是，我在有着上万个座位的表演中心，那么多人中，一眼就认出了阿久。他还是那张白白净净的脸，瘦瘦长长的身体，就连笑容也没有变。只是当年白色的衣衫换成了正规的舞服。我要采访的知名舞者竟然是阿久！

阿久找到了属于他的舞台，他柔软的舞姿比女子的更加优美，他在舞台中央不断地跳着、旋转着，显得熠熠生辉。我想，他实现了自己的梦想。

而我在社会这个大熔炉里马不停蹄地奔赶，摸黑打滚了那么久，却只能当个小小的采访记者。离我想当作家的梦想，差了十万八千里。有时候不是怕别人比你优越，而是无法再跟他势均力敌，尤其一开始分明就是相差无几的两个人。

做完正式的采访工作后，他邀我去喝酒。灯红酒绿的环境里，阿久的脸也跟着忽明忽暗。他举着酒杯问我过得如何，我无奈地苦笑着说：“不如何，一身落魄，没有你那么风生水起。”他盯着我笑，很久才开口：“我也曾满身灰土，你都忘了我曾经被讥讽嘲笑过那么长一段时间了么？”我说：“怎么可能忘记呢？我们那时才认识，你才初学跳舞……这些不提也罢，还是说说你这些年怎么过来的吧。”

阿久点点头，开始笑着说起从前。

我没有料到，他高中都没有念完。高二的时候，父亲因贪污受贿被送进了监狱，好好的家庭就这样毁得支离破碎，母亲带着家里仅剩的财产带他出了国。他英文不好，一开始连日常生活也过得磕磕碰碰。他每天努力学英文，努力挣钱，尽力使母亲生活得好一些，尽力不让人看扁。但是每到夜深，他总是翻来覆去不能入眠。床板很薄，硌着他的不是肋骨，而是不能如愿以偿的梦想。他仍是想跳舞，他想尽情地起舞。

直到他碰见美国的一个舞蹈爱好者团队，也就在那时遇上了他现在的女朋友 April。她是顶级芭蕾舞蹈演员，由于看不惯舞台的黑暗退居二线。他向女友请教如何学习。但是男生筋骨本就比较僵硬，更何况阿久那时骨架已经成型，April 说也并非没有办法，但是拉筋练习会特别艰辛。

April 为他制定了一项计划，除了工作吃饭的时间，他几乎全耗在了舞蹈室，连睡觉都不足四个小时。每天拉筋、压腿、练习姿势。即便伤了筋骨，好了也继续练习，没日没夜。

阿久刻苦练习渐渐有了小成果，也在舞蹈界渐渐名声大噪。

我们说到这里的时候，一个金发美女出现搭了他的肩，我当即知道，这就是他的女朋友，April。她非常有气质，待人也热情。我笑阿久捡到了一个好女生，他傲娇地回答："必须的。"

我忽然想起十六岁的傍晚，躺在夕阳里的阿久说的话，他说："每一个不曾起舞的日子，都是对生命的辜负。"

对我而言，每一个不写字的日子，都是对梦想的辜负。若不是他，我险些要忘了当初自己的信念，当初信誓旦旦的梦想，怎么能变成一纸空谈。

人的一生就像一幅白色的画纸，你往上面泼墨，它就泛黑；你往上面添花，它就多彩。你什么都不做，它就一片空白，半点记忆都留不住，但是只要加上浓墨重彩的一笔，你的人生就会缤纷多彩。这一笔叫梦想，叫勇气，叫坚持！

我不知道我的作家梦能不能坚持下去，我也不知道阿久的芭蕾梦能不能旋转下去，我只知道梦想不灭就终有成真的一天。

正如阿久所言，每一个不曾起舞的日子，都是对生命的辜负。我们需要的是努力，是坚持，而不是辜负。

享受孤独的每一个过程，是对自己最好的尊重

有时候有锦衣夜行无人识的孤寂苦恼，有时候有怀才不遇无人知的潦倒失落，有时候有一腔孤勇无人懂的落寞凄然，但若是换了一个角度，孤独未尝不是一种享受。至少这件锦衣、这身才华、这腔孤勇是你拥有着的。孑然一身，潇洒地去享受此类孤独的消耗，这每一个过程，其实都是对自己最好的尊重。

这份孤独感往往是许多人无法拥有的，因为怯懦，因为诸多借口，因为生活姿态不尽相同。

而在我们人云亦云、随波逐流去当什么背包客的时候，

十六岁的梅梅已孤身一人踏遍了大半个中国。在如水的江南，下着小雨，撑着一把油纸伞踏在青砖石板上，似入了水墨画般清雅怡人。在热火朝天的沙漠，捡起一朵枯萎干瘪的花，就像握住了一个撒哈拉。

我在丽江一家卖手鼓的小店遇见她。那时她才二十岁，穿着大红的袍子，长发垂肩，坐在门口打着手鼓招揽客人。同行的好友偷偷跟我讲，在门面的果然都是美女，接着对着梅梅的方向努了努嘴。我不明所以地望过去，当时真的有一瞬间的惊艳。她一个人静静地坐着，眉目清秀，就像一幅画，淡雅迷人。

我们走进她的小店，手鼓的声音圆润又空灵地萦绕在不大的房间。我挑了一个十四寸的手鼓后询问价钱，梅梅回过头说她不是老板只是兼职几天，让我明天再来。第二天我和好友又在选择浮雕还是手绘之间摇摆不定，梅梅已经不在那里做了。结果回去之后，我们却和梅梅住了同一家客栈，我才知道她是个不停驻的旅客，什么都会一点，就靠着这些杂七杂八的手艺一个人到处走。

梅梅经常一个人坐在楼下的藤椅上，在清清凉凉的围院里，墙角半泻的阳光下看书。我生怕毁了这样的景色，不敢轻举妄动，下楼梯也小心翼翼尽量不发出声音。不知为何，看她这样，忽然觉得一个人的孤独旅行反倒是一种难得的享受。

我坐到她旁边，开始我们的第一次正儿八经的交谈。

我说：“你这么漂亮的女孩子，一个人到处跑也不怕？”

她笑着说：“别看我这样，其实我是个女汉子，一个正值壮年的大汉也不一定够我好打。许多人怕孤独，我却独独怕束缚。两个人以上做的事，没有孤身一人来得自由舒服。孤独不是孤单。孤独可以是一种状态，身体上的独处或心灵上的自由，随心所欲。”

我托着腮看着她说：“你这种生活真好，享受孤独。但我没有这种勇气，所以非常羡慕你。”

她清清亮亮的眼睛看着我，里面忽闪着我不知名的喜悦。直到那天，我和她才真正做了朋友。

离开丽江之后，我们互相留了邮箱，但是梅梅从不会找我聊天，只发她所到之处的照片。那一身在风中飞扬的红衣裙，那种孤独而不羁的风流，让我念念不忘。

她东奔西走，就像一只血液里都住着风的飞鸟，最终却选了贵州的一个小县城来停驻。清水县，也的确是名符其实，一贫如洗。梅梅去那里的一家希望小学当支教。校长是一个民谣歌手，常常不在学校，因为要到各地巡回义演，为学校攒经费。全班三十多个小学生，她给我发的第一张合照就是她跟这群虎头虎脑的小孩子，摆着各种姿势站在黄澄澄的山坡上。个个高原红的小脸蛋，眼神清透无比，无端让人心疼。我第一次看见她不是以一个人的姿态，但我知道她仍然很享受。

她说很喜欢这样的生活。白天上课，跟孩子们玩游戏，把素持斋；夜晚备课，帮一些孩子洗衣服。河水冰冷却内心火热，贵州的山延绵不断，夜里明亮的星低得似乎随手可摘。也就是在那里，她跟一个男人在一起了。这是第二张合照的内容，男人苍蓝色的上衣，和她的红袍相得益彰，他轻轻揽着她的肩，嘴角含着腼腆的笑，梅梅看上去很幸福。

他是学校的数学老师，小孩子也都非常喜欢他。梅梅之所以会认识他，是因为那年的深冬下了一场大雪。她下山给孩子们买文具，每走一步都下陷一个脚印，呵气成冰。山区的保暖条件十分落后，她将要回去时，才发现双脚已冻得发麻，望着这皑皑大雪，生平第一次感到那样的无助。他就在那时出现了，他二话没说背起她，一步一步往山上走去。梅梅回头看着深一步浅一步的脚印，鼻头发酸，她不知内心早就汹涌而至的欢喜和庆幸。

那是她第一次给我发那么长的邮件。

“很多人都说我变了。我也不知道自己到底变成了什么样，倒是明白了些道理。这个世界从不曾被眼泪打动，倾诉也不会将愁苦减半，所有人都终会变成世俗男女中最普通的一个。只知道自己如今的日子过得单调简单。相信了爱是一回事，孤独是另一回事。爱情并没有使孤独感消失，只是让人从眺望的姿势变作一个笑着低头走路的人。而这孤独感也恰如其分地提醒着我，清醒地活着，理智地走下去，才是对自我生活的一种尊重。最重要的是，不迷失自我。”

我只回了一句话，请她带着我的钦羡，努力地生活。

三年后他们离开了贵州，在光怪陆离的大上海生活。她脾气温软，他简直没有脾气，日子自然过得十分和顺。但是她逐渐感到不快乐，每日不知该做什么，在大城市里渐渐失去自我。

于是在三十岁的生日那天，她去了城外的一间寺庙，不跟家人朋友联系，关了手机断了网络，与世隔绝。每天看着远处深绿得近乎发黑的山峰，饿了就吃饭，困了就睡觉。

庙里有个老僧人，他时常坐在水井旁打水，身边卧着一条老狗，目光已经惨淡到即将看见生命的尽头。梅梅也不同老僧交谈，他们各做各的事。直到有一天，找到各自的归属。

在那时她才能静静地思考，孤寂并不可怕，只有彻底地被毁坏过，才知道每样事物的可贵。只有耐得住寂寞，将孤独的旅途当成一种必经修炼，那样，才能找回自我。虽然孤独中的快乐并不能解决失落，但，可让人清醒。过了几日，她回去后，自然而然又找到了生活的目标及意义。

“有时候觉得除了身边多一个人外，跟前几年也没什么两样。还是自认为很聪明却往往做着蠢事，还是会在盛夏溢满星光的夜晚，有时候静谧惆怅，有时候心疼自己，有时候也掉两滴眼泪。最后总是站起来相信生活，继续走。享受这种一个人的孤独，往往会无意中收获柳暗花明的欢喜。”

这是她最近留给我的邮件，那时她即将结婚，新郎是贵州支教认识的那个男人。我却以为无论她孤身一人还是与人共舞，她总能恰如其分地享受孤独的每一个过程，这是她自身的原则，也是对自己最好的尊重。

每过一段时日，回首往事，总是会发觉自身的幼稚和庸俗，从而否定以前的自己。所谓成长，就体现在此。我们需要的就是这样一种孤独的状态来清洗内心，看透自身灵魂的本质。

人生漫漫长河，每隔一段时间便有一次的孤独状态，我们理应去享受这个过程，而不是自怨自艾。

第 02 章

每 一 个 自 己 都 不 应 被 辜 负

青春年少的时候，或许以为所有想要的都近在眼前

小时候，我们被父母宠爱。往往心中所愿都能实现。比如，商店里我心爱的糖果，只要我乖一点，听话一点，爸妈就会乐意带上我去买。又或者，我喜欢看动画片，看得一直挪不开眼，但只要我完成作业，或者不看到深夜，爸妈也会允许我这样做。

好像小时所有的心愿，都有着父母的功劳。哪怕是一直想要最后却并未得到的东西，也不会烟消云散。念着念着，终究有一天，它就像圣诞老人的礼物，从烟囱里悄悄投入，放进你的美梦，供你慢慢享用。

然而当我们长大以后才明白，这世上所有恩赐的甜蜜，终有到期之时。你并不能一味索取你想要的所有东西。闭上眼，伸出手，样子再怎么无畏无惧，也不会再有人白白给你。

小学同学李力是一个富二代，确切的说，他爸是一个暴发户。在他读小学的时候，他爸倒卖药材因此发了家。然后靠着这些钱去投资房地产，由此可见他爸还是很有远见的。当所有本钱都投资房地产后，他父亲又卖起了钢材，就是专门去拆旧楼房，然后把钢材拿去卖。

这样一来，他爸多多少少还算个有钱人，但他爸并没有死心，又拿着一部分钱投资到深山老林去种树。

一开始，李力的妈妈很反感，整天都嚷嚷着要回娘家。女人家向来都是求个安稳，有谁愿意放着安定的生活不过，去过那种走钢索的日子？

李力他爸却不这么认为，把李力的妈妈留在城里，陪儿子一起读书，照料李力的生活。自己却扛起锄头钻进了深山老林，在林子里搭了一个木头屋，非过年过节，他爸不会出来。

过惯了这样的日子，李力的妈妈也就认了命，只会时不时带着李力去看看他爸。回来时再带一堆野味回来，李力就拿着这些野味来和我们这些男生分享。

那个时候的李力每天穿的都是名牌，而当时我们对服装的唯一要求就是能穿。对于看不看得过去，穿了多久，我们都是没有任何想法的。

李力的妈妈因为只照料李力，所以一直把李力当太上皇一样供着。李力想要一台游戏机，他的妈妈二话不说就带他去百货商场，而当时的我们只能等着李力玩腻了，借给我们玩两回。李力要是看中了一双几百元的球鞋，他的妈妈眼睛都不眨一下，直接就带着他去商场试穿。

同龄的小伙伴过生日，爸妈压根想不起来庆祝，顶多煎两个荷包蛋买一个巴掌大的小蛋糕，然后一身新衣裳。而当时的李力，就有钱请我们全班同学老师去饭店庆祝，吃三层蛋糕，他的妈妈就在一旁笑意盈盈，一句话都不多说。

我一直都觉得他爸是一个有毛病的男人，当李力把他家的事情讲给我听时，我给我爸妈讲李力他爸，言语中多少有些替李力气愤委屈。我妈很担心地扯着我爸的衣角，很担心他也脑子发热去做什么傻事，但我爸一边抽烟一边眯着眼听完，竟然笑着摇摇头，一直沉默着。

读初中的时候，李力他爸从林子里出来，雇了人去守林子，他只是隔三岔五去看一看，于是李力终于有了父亲的陪伴。

但当时的李力已经是一个叛逆少年，因为母亲常年的骄纵，让他纨绔不羁，并且毫无规矩。其实那时的李力还是很坚强很善良的。有一次，他给我讲他爸的事，讲着讲着眼泪就掉了下来，到了第二天他却像个没事人一样，过了几天还把自己所有零花钱捐给了我们学校一个患重病的学姐。

当所有人都觉得李力是一个无药可救的孩子时，我却觉得，他并没有堕落。只不过因为他爸妈之前常年不在一起生活，相处下来矛盾增多，李力的爸爸甚至想再投资去种果树。

在两个人僵持不能和解的情况下，李力的妈妈一气之下闹离婚，而李力的爸爸因为愧疚也只能无奈答应离婚。

两个人离婚的时候，李力的妈妈分得所有现金，那些不动产全都归李力的爸爸。所以李力一下子从富二代变成了一个穷二代。

那段时间的李力远不如以前风光，而且他做的许多事情，他爸都是不允许的。那个时候的李力几乎“无恶不作”，翻墙逃课，通宵打游戏，甚至交了女朋友。和我们这些朋友离的越来越远，还在社会上勾搭了一些“兄弟”。

我们这些昔日好友，每次看着他来去匆匆的身影，只能沉默。因为每次不管我们说什么，他都不会听。甚至写纸条写信给他，他也只是看一眼，然后揉成一团塞进兜里。当时我还很庆幸，庆幸他没有把那些东西丢进垃圾桶。

这样的李力大概到了高中毕业才有所改变。

中考的时候，李力没有考上高中，他爸烧着钱送他读的高中。他在高中里的日子并没有比初中好多少，甚至变本加厉。有几次，都会在镇子上的街巷看见他带着一群人去欺负学生。

这样的李力我早已不再联络，也不再试图劝说他什么。

所以他混到高中毕业，就没有再打算读下去，他爸大概是觉得再无可救药，也就放弃了花钱送他读大学的打算。

当时的李力早已臭名昭著。因为他已经成年，他爸也不再给他生活费。每天他爸就去逛逛鸟市，或者偶尔去一次林子，李力就跟着别人一起混吃混喝。慢慢的，他的那个圈子都开始排斥他，觉得他不是自己人。李力好歹也是有底线的人，那些人让他抽大烟，他坚决不，最后就被那群人给赶出了圈子。

那个时候，李力才认清了这群人的真面目，但是让他去找他爸，他永远拉不下面子。没有了昔日真心相待的朋友，只有一群害他的狐朋狗友。这个时候的李力，有一种走投无路的绝望。

从没受过苦的李力去了厂里打工，一天干十二个小时，有时还要加班。打了一年工后，有了一些积蓄，投资做了护肤品。虽然不知道他是怎么想到这一点。但是当时的护肤品市场绝对没有现在这么宽广。

他开了一家小的经销店，边卖边送，慢慢就做出了名声。他爸见他有心改正，恰好当时房价飙升得厉害，林木也有了一个可买卖的机会，就拿了一部分钱给李力，让他继续投资，但李力并没有接受。他贷了一部分款，还四处拉赞助，继续做护肤品。慢慢地，在这个城市小有名气，最后连锁店开到了全国。

直到后来他爸多次拿钱给他，他才同意，同时也给他爸入了股份。他并不想白白花费他爸的钱。

李力成了我们这个年纪里面最成功的老板。

后来他的父母复婚，在我们这群老同学参加他父母的复婚宴上，李力喝得有些过头。看着我们这群人刚刚进入社会，却一点也没有瞧不起。在一个桌子上吃饭的时候，他语重心长地说："我不埋怨父母从小对我怎么样，我感谢我爸，在我最困难的时候让我自己去闯，没有再像小时候，任我予取予求。"

是啊，我们总以为，到了最困难的时候总有人会给你想要的，但是世界上哪里又有这么多的巧合呢。

我们来到这个世界本就不为索求。

我们难道不是为了创造而降临人世吗？

收起依赖，收起倦怠，踏实认真去做，我相信。

我们一定会比想象中的还要棒。

浪漫是咖啡里的糖，可以让你的生活甜一点

舒焕说：“如果，咖啡里没有糖。那么，还有多少人喜欢它那苦涩的滋味。”

如果不是时光错过了我们最初的模样，把未踏上远方的大船沉到了不可及的海荒。匆匆地，把一切希望，抛到记忆的深处，倔强地进行所谓的成长。

那么，如今的你，是否会蜕变成你希望的模样。

艾尚是处于闹市的咖啡店，在车水马龙的显眼地段，占据了普通小店二至三倍的面积。门外的世界是混乱并喧嚣的。卖

手机壳、贴膜的小商小贩，吆喝着卖水果的大妈大婶，装修现代华丽的手机卖场，卖粥的店铺。一座车辆进进出出的小型停车场，街上是行色匆匆的路人。为了生计在拼命赶路，希望能尽快见到下一个可能谈妥的客户，还有很多人只是为了孩子的奶粉拼搏。

舒焕是艾尚的老板，我听他讲过一个故事：

以前的我，喜欢过一个女生，她不漂亮不温柔，不贤惠坏脾气，爱无理取闹，很笨，还对我凶巴巴的，可我们却莫名其妙地在一起了。也许世上真的有一见钟情这种荒谬的事情，但不可否认的是，我们相爱了。

朋友们都觉得不可思议，认为我的条件是可以找到更好的。事实上，我们什么东西都不合，不喜欢同一种东西、同一种品牌、同一个明星，甚至不喜欢对方的作为、服饰、发型，但什么能阻挡轰轰烈烈像开火车一样来的爱情呢？至少，我不能。

初次相遇，也是在我的咖啡厅，太阳只剩一半脸庞，门口一半阳光，一半阴凉。那时艾尚还没有现在这般大，加上门口的小桌仅有十个可坐的位置。养了几盘花草，二十来本书籍，一个工作间，收银台加了个小吧台，简陋得不像话。亏得几位老朋友捧场，经常带亲朋好友小坐，点个卡布奇诺，一喝就是一下午。天南地北地聊，充实着空寂的灵魂。

她是我鲜少能遇到的陌生人，突兀地出现在我面前，女汉子般的语气对我说：“来，买份报纸吧，献爱心的。”好吧，她穿着志愿者的制服，义卖报纸为贫困山区的孩子求得下一顿的午餐。

那时店里没客人，我看着这个小妹好玩就逗她，让她叫我声大哥就买报纸献爱心。哪知她马上干脆利落声音洪亮地喊了声大哥，无奈只好掏出了张红票票投入捐款箱。当我觉得事情就这么结束的时候，让我想不到的意外发生了，她竟然说在太阳底下走了好久腰酸背痛腿抽筋，饥渴难耐。让我看在她这么辛苦的份上请她喝杯蓝山。当时我就怒了，然后，屁颠屁颠地把蓝山煮好给她双手奉上，纯正咖啡豆，没加奶，没加糖的那种。然后的然后，她竟然调头就走，霸气地说：“逗你玩。”我的心中就像有万千只羊驼在奔腾，轰轰的，扬起了一片灰尘。她挥一挥衣袖，带走了一张红票票和一杯蓝山，留我一个人在暗自纠结。

我以前认为，最初的相遇总是美好并且印象深刻的。哪知印象深刻是有了，美好却是变成了哭笑不得。也许是命运的齿轮转错了弯，本该向美好发展的时间线被打断，可这或许是一件好事。

在我认为不会再见到她的时候，她却俏生生地出现在我面前：“老板，我要一杯蓝山，加糖加奶，要是还苦我就分分钟砍哭你哦。”好吧，我被威胁了。作为一个二十一世纪的杰出青年，我还是屁颠屁颠地上了咖啡，毕竟顾客是上帝嘛。

她安静的时候也是很有那种所谓淑女范的，静静地看着书，喝着咖啡，跟我有一句没一句地搭讪着，讲述着各自生活的点滴。慢慢地，我们开始熟识起来。

相识相知的过程大部分是枯燥乏味的，却又像凉水加苏打，透亮清澈中又不同寻常，在泡泡完全消失后归于平淡。

她是附近学校的学生，每次隔三差五就来点上一杯蓝山，加巨量的奶和糖。厚着脸皮免费续杯到完全喝不下，乐此不疲，时不时还敲诈几块蛋糕泡芙，让我无奈，哭笑不得。

鉴于她的“饭量”，我决定聘请她为我的店员，美其名曰：包吃！

不得不说，这个自认为聪明的决定，还是很不错的。虽然她不会煮咖啡，不懂烤热狗，总是把冰淇淋做成两人份般的大小，见到顾客不会打招呼。但是我总相信，一切都是在向良好的方向发展的。

时间过得太快，让我们不禁感叹，时间都去哪儿了。三年就这么过去了，让我们没有开始享受相知就开始获得别离。很突然地，她说：“我毕业了。”

她家是在千里之外的另一个城市，毕业了，便意味着离开。离开这个我们相识三年的老地方，离开这个最初让她煎熬的破地方，离开这个让她欢笑的地方。

走的时候，我背着她的背包，拉着她的行李箱，沉默地送她到机场。最终，还是没有忍住在眼睛里盘旋的眼泪，在她离去之后。

手机上提示收到新消息：没有我欺负你了，不要被别人欺负哦。

该用什么样的语言来表达当时的心情呢，或许什么都无法展现那一刻的失落和不开心。我只知道，那晚我醉了，不省人事。

第二天，顶着熊猫眼早早地开了店。朋友们好像约好了似的，一个都没有来，顾客也一个都没有来。

渐渐地，夕阳西下，正当我要准备关店的时候，突然听见一个声音。

“老板，为贫困的山区孩子捐献一份午饭基金吧！”

忽然之间脑海里闪过我们第一次的相见：来，买份报纸吧，献爱心的。然后，往事一幕幕地浮现眼前：她第一次被我骗着喝一杯纯蓝山时被苦得受不了的表情，四处找水的狼狈模样；第一次打破咖啡杯时那一副就是我打破的你想怎么样的画面；第一次牵着她的手那脸红害羞的模样；第一次在她生日时单膝下跪，请她收下玫瑰的模样。

我知道，自己该做些什么了，给了志愿者一些心意，关了店门。买了能买到的最近的机票，赶上了那个城市最后的一班客车，在她回到家的第三天，终于到她家门口。

“您好，有您的一份快递，我已经到门口了，请问您在家吗？”

“我没有买什么东西呀，是不是送错了？”

“可能是您的朋友给你寄的包裹吧。”

“好吧，马上来。”

她开门的一瞬间，我们都楞了，千言万语在心里徘徊。

我指了指脸，对她说：“你的快递，请盖章。”她哭得稀里哗啦，我抱着她，很紧很紧。

“老板，那后面发生了什么？”我问。

“后面？”他笑着说，“我们结婚了呗，还能干嘛。虽然那之后的岁月里，我们经历了许多艰辛，但我们都把困难一一克服了。”

其实，生活没有非要过得像电影一样精彩，也就是谈一场轰轰烈烈的恋爱，一次说走就走的奋不顾身，你的生活就可以持久回味。

就像咖啡，并不是说一定要把生活过得如此苦涩，适当的糖，可以让你的生活不只是苦味。

如果，咖啡里没有糖。那么，还有多少人喜欢它那苦涩的滋味。

攀登中值得回味的往往都体现在过程里

你见过魂牵梦萦的蔚蓝大海，吃过别人赞不绝口的风味小吃，看过朋友推荐的使人潸然泪下的电影，听过喜欢的偶像令人激动不已的演唱会。多年之后你可能已经忘却那些接近真实的感觉，但是一定不会忘记那个陪在你身边和你一起跋山涉水、风雨无阻的朋友或者陌生人。

莲的学业无果，不谙世事，与白羊的感情结束后抑郁了一些时日，与家人几经商酌后决定先找份工作稳定一下。在酒店大门外立着的招聘牌前观望了很久，决定进去应聘。

那是夏天，七月的西安大街上有着可以煮熟一只鸡蛋的高温。她走进旋转大门，跟着玻璃缓慢推进的速度往前走。接待她的门迎小姐脸上挂着热情的笑容，像一碗鸡蛋汤在碗里匀开。她双手紧握，举目四望，怯生生地抹开嘴说："我是来应聘的，你们这里还要不要服务员？"

第二天早会，当她穿着合身的工服移步到领导位置做完自我介绍的时候，感觉自己不再像昨天一样是个宾客。她重新回到自己的队伍，融入同事之中，把念家的情绪抛到一边。她只用了一个月的时间，就跟公司上上下下，大到经理、老总小到厨房洗碗大妈混得熟络了起来，对于一个普通服务员来说这不是一件简单的事，是一座高山，一片深海。

后来在一次人潮去留的空缺中，她申请岗位调换成了门迎。宿舍搬到和她刚来的时候接待她的蛋花小姐一个屋。晚上下班后她们去小区后面的街道吃东西，蛋花小姐要了一碗杂肝汤和一个馍，一边啃一边告诉她："后厨有很多男的都在问我你有没有男朋友，不过你别搭理那些臭男人，没一个好东西。"她又想起了白羊，想起当时她坐在他摩托车上环抱住他的模样，只觉得手中的馍又干又硬，快要噎死了。

十月的时候，国庆裹着红大衣登场了。店里推出各式各样菜品打折、海鲜促销、会员积分、餐券赠送的营销方案。让本就收入可观的店变得异常火爆。每天大厅包间爆满，而且打电话前来排队订餐的客人也络绎不绝。这样的空前盛景让老板始料未及，所以早会的时候，经理重新给她安排了岗位，她得到领导的嘉奖，安排到三楼去。有时候见管理人员忙得不可开交，无暇顾及刚来的客人时，她开始学着递上菜单给客人点菜。

有一次对面桌来了一家三口，男的戴个鸭舌帽，面无表情，女的带着三四岁的女儿去卫生间。她给另一桌上完水果，赶紧过来倒茶、上毛巾然后递上菜单。

“服务员，你们这儿都有些什么鱼？”

“哎，服务员，甜品在哪里？”

“多宝鱼多少钱一斤？”

“这个红烧大鲍翅要多久出？”

“煲仔饭是大锅还是小锅做？”

“哎，我说你怎么什么都不知道？你到底会不会点菜？给我找个会的人过来。”男的合上菜单，重重地叩在桌面上。

“不好意思，先生，因为这几天店里太忙，人手不够……”鸭舌帽的边沿她看见男子不耐烦的脸。

“去给我叫你们经理。”男子把头侧过来，目光像强力胶水一样逼得人说不出话来。她垂下头，面色绯红。

这时那位女人带着女儿走了过来，看过她手中食品卡上已点的菜，然后拍着她肩膀笑着说：“好了，就先点这些吧，我们等会儿再点。”

那天晚上下班之后，她给前男友白羊打了10个未接电话。只觉得胸中苦闷，难过得说不出话来，可是天南地北，他或许早已将她忘却。蛋花小姐有事回了家，她无人可诉，只得坐在屋子里哭了起来。

后来蛋花小姐辞职了。晚上她一个人出去吃东西，天忽然下起雨，老板赶紧从小三轮车底下拿出一把大伞撑起来。她忽然想起白羊，去年的这个时候他们一起买了个小三轮车，从供货商那里拿了很多货品材料。白天的时候他们窝在家里调酱料、配食品，不断地试验做出来的味道是否美味。晚上，白羊开着摩托车载她去附近的夜市蹲点找市场。日子虽然平凡世俗，可是因为身边有喜欢的人，所有红尘纷扰好像都是秀美风景。

终于一切都归置妥当，准备开张的前一天晚上，白羊带她去海边兜风，刚出门的时候天就下起雨来。她说下雨了，不出去了。白羊不说话，松开摩托车的左把手就把她往车上拉。因为下雨的关系，天都阴沉着。车子行驶到滨江路的环形山道的时候，雨下得越发的大，响雷轰鸣，闪电划破天际，像湖底一条巨大的猛兽要把她吞噬。她闭上眼睛，黑暗中她知道旁边是不断移动的森森灌木，双手环抱着的是心爱的白羊。

旧时光从来不冷场，它像北方冬夜里陌生客人一句幽默的寒暄，像闺蜜不远万里寄来的野山板栗，像流浪汉含着热泪吃到的蛋挞，也像情人夜深告知婚讯的一通电话。几十上百个未接来电，换来一通电话，她的心也是有期许的，哪怕是让她哭红了双眼，断了念想。

隐忍积累等待厚积薄发的日子就这般过了五年。经过五年的打磨历练，让她整个人都焕然一新，五年出色的职业生涯，足够让她在众人面前实至名归。她休完年假回来，正式任职经理职位。崭新的经理工装，让她看起来精神抖擞，神采飞扬。那天晚上为了庆祝晋升，她请了很多同事喝酒唱歌。在一声声清脆悦耳的碰杯声中，无人知晓她饮尽之后脸上笑开的红晕是因为什么。在 KTV 众人鬼哭狼嚎的惨叫声中，也无人知晓歌单上那首周慧的《约定》对她来说有什么意义。唱完之后，欢呼声和递过来的酒杯遇上她如痴如醉的傻笑，一切又归于平常。

周末她和几个同事去爬华山，先由大巴领着进山底，然后坐缆车上去，最后是一望前路犹如骨的台阶。她们几个你瞪着看我，我斜着看你。一路推挤、追赶、打打闹闹爬到一半的时候，她突然肚子痛。寻寻觅觅坚持了老半天找到卫生间之后，她发现自己例假提前来了，更可悲的是几个人都没带卫生巾。在她不知所措的时候，认识了帮助她的陈艳。陈艳把卫生巾递给她的时候，问了句肚子还痛不痛。没有称呼，没有主语。这种感觉好像她是前世在她进棺钉盖之前落泪的人。她问陈艳，你怎么一个人来爬山。她说，有很多事情是可以自己一个人独立完成的。

后来她被调到南二环的分店，离陈艳的公司很近。陈艳于是常常会过来吃饭。有一次她中午值班，接待一个过来看场地的客人，俩人协谈好婚宴酒席布置的细节问题之后，因为必须交总金额百分之三十的押金而触发了客人的不满。在与之沟通的过程中，客人变得暴躁蛮横，最后引发激烈的争吵。处于口舌弱势的男子，竟然朝她吐了一口唾沫。这刚好被陈艳撞见，她拦住动怒的她，甩手给了那男的两个嘴巴。事后，她并没有产生不再上班的情绪，公司也没理由处罚她，因为她没动手。

而正是因为这份持续不断的强韧和坚守，三年之后西安第三家分店开业的时候，她带着总店的光环和荣耀入驻了北三环。在那里开辟新的战场，刷新新的业绩。

她就是我现在实习的店总，每天早上都要在我账单上签字的苏齐莲。

《致青春》里面的陈孝正说，他的人生是一栋只能建造一次的楼房，所以过程必须精确无比。

其实在我们向前迈进的时候，过程是酸甜苦辣堆砌的砖瓦。每个阶段所表达的情绪是泪与笑揉搓的饭团。它们很小很丰盛，让人窒息却也耐人寻味。

你就是你，你没有必要学别人当不可分割的梨

虽然有时你找不到自己的灵魂，你觉得自己一无是处，但是你仍是你自己，独一无二，这是无论如何都改变不了的事实。所以，没有必要低微地去学春天的红花悄悄绽放，没有必要低微地去学归根的落叶悄悄入土，没有必要低微地改变自己去拉扯不属于你的爱情。

“所以你被爱情蒙蔽了双眼，你去死吧，陈秋佳。”

长江用捡到的蓝色铅笔在墙上一笔一划地刻着，刻到墙上的白粉一小撮一小撮地落。等到心里的气消了之后，又觉得这

些字很碍眼，怎么可能舍得让他去死。

一转眼回到他们在小卖铺门口对话的场景。

彼时陈秋佳拿着半边梨，想扔又舍不得扔的样子，长江看他这副怂样笑得眼睛眯成一条线："秋佳啊，蔡明明给你这一半梨，你不吃我就帮你吃了咯。分梨就分梨，那么迷信干嘛。"

"可是如果是我给你呢？我分给你一半梨让你吃。你舍得吃吗？对于小心翼翼维护的东西，任何有损它的事，我都是宁可信其有。"

所以你被爱情蒙蔽了双眼，你去死吧，陈秋佳。这就是长江那时的心理活动。其实她当时最气的不是他对他小女友的感情，而是他居然可以堂而皇之地将她对他的感情摆上台面讲，就算知道她暗恋他又怎样。这样的感情可以对比的吗？！她吃了又怎样？！分离就分离！她才不在乎。长江气呼呼地掉头就走，然后十多天没有联系陈秋佳。但总是心太软，心太软，她气消后又开始想跟陈秋佳说话，跟他斗嘴，见见他也好。每天就看着他的QQ头像碎碎念，为什么还不找我？

所以后来陈秋佳打电话约长江出去玩的时候，她在房间兴奋得跳来跳去开心得不得了，又挑选各种衣服，比划身材。

见面时，秋佳穿了深蓝的薄外套，显得整个人颀长又英挺。他一看见她就是很嫌弃的眼神，长江垮了肩认命似的跟在他身后默默地走。他们走了半天的路，看了两部电影，最后他给长江买了一个包包。

“喏，拿去。去年说陪你买，后来却没去买的。”“我去！都几百年前的事了！现在才买。”其实她心里正暗爽不已。走着走着长江嚷着肚子饿吃东西，随便选了一家粉面店。

“你有试过想要努力去挽回一件事吗？很努力很努力地，力挽狂澜。”陈秋佳问长江这句话时，她一口吃掉的米线还没从喉咙吞下去，又着急着回答就呛到了，咳得眉眼通红。陈秋佳懒懒地伸过手替她拍背，没起多大作用，她却觉得舒服多了，他忽然推了一下她，“回答啊，别发呆。”

“我啊，没有。因为我知道挽回不了。”长江顿了顿，“因为我力气很小的。”

陈秋佳却不满意地翻了个白眼。

“其实我失恋了。”

“所以今天才跟我出来耍吗？”良久都没得到回答。

“没关系啦，会遇到更合适的。”长江沉默了一会儿，撩起眼帘又说：“虽然这句话很没用……”

陈秋佳吸了一口烟，长江忽然觉得他很有刚刚看的电影《痞子英雄》的气息，这样的陈秋佳其实挺有魅力的啊。他声音也因为抽烟有些沙哑：“谁没有听过那些振聋发聩的大道理，知道是一回事，做到又是另一回事了，就像《后会无期》里的那句话：我们听过无数的道理，却仍旧过不好这一生。”

“可是也的确是这样啊，反正分手就是不合适。岁月有的是时间让你遇到更好的人。”长江不服气地拍桌子反驳。陈秋佳笑笑不说话，这模样让长江又爱又恨。直到他们各自骑了自行车回家都没有再说一句话。

陈秋佳没有送过长江回家。噢，有一次，那次是她的生理期，她被大姨妈折腾得去了半条命。陈秋佳载起她飞快地骑，路边春天播种的禾苗已经长成了秋天的稻谷，黄澄澄地翻起一层又一层的波浪。到长江家时，秋佳额头起了薄薄的一层汗。不知道是痛的还是怎样，长江看着陈秋佳，很想哭。那是他第一次这么紧张她。陈秋佳喊了声：“肥婆，我走了，你好好休息。”她就真的没出息地躲在门边哭了。

那天说完那些话过后，长江再见到陈秋佳时，他已完全变了一个样。他变得斯文有礼，温文尔雅，就像诗经里的“谦谦君子，温润如玉”。他开始对她很温柔，但是这份温柔不属于她，他对任何人都这样。不抽烟不喝酒，每天准时上学，下课去图书馆“偶遇”蔡明明。他为了另外一个女生这样改变着自己，束缚着自己。长江看得出陈秋佳半点也不快乐，他很久不看电影，不打游戏，不曾大笑。

当他又一次拿着长江的水瓶帮她打水时，长江忍不住摔了水瓶，打掉他伸过来的手。眉眼通红，吼道：“陈秋佳你个大傻瓜大笨蛋！你以为你这样，蔡明明就会跟你复合吗？”

陈秋佳垂着眼睛，看不清神色：“她喜欢温柔的男生，干干净净，简简单单。我现在不就是这样吗？她为什么不会跟我复合？”

“爱情是这样得来的吗？你这样，一早就失去了被人喜欢的资格了。就连我，都快要不喜欢你了，因为你已经不是你了！你还以为是分的那半个梨在作祟吗？恋爱不应该迷失自我。你就是你，有你独特的魅力，为什么要学别人当不可分割的梨呢？”

他抱着头，痛苦地蹲着：“那要怎样？！怎样才会痊愈？现在的我辛苦死了！就快死掉了！”

“你别头痛。我给你讲个故事好了。有听过东床快婿这个成语吗？”

传闻郗太傅派遣门生给王丞相送去书信，打算在王家子弟当中挑一个做女婿。王丞相就对信使说：“你到东厢房随便挑选吧！”信使溜达了一圈回去禀报郗太傅：“王家的小伙子都不错。只是一听说您来招女婿，就都拘谨起来，惟独有一个袒露肚皮躺在床上，没听到似的。”郗太傅捋着胡须说：“这个人才是我的贤婿啊！”于是又派人去探访，得知是王羲之，遂将女儿许配给他。

“草木有本心，何求美人折”，说明保持自己本色的人往往更受欢迎。这就是著名的东床快婿。

“所以，为什么要为了别人改变自己呢？一个人失掉自我还怎么做自己？怎样得到别人的注视？融入芸芸众生，也要保持自己的特色啊。”

长江也想过要变成蔡明明这样的女生，一度想去剪那样有标志性的学生头，穿森女的衣服，弹很酷的吉他。就在理发师的剪刀将要下去那一刻她逃了，因为镜子里的自己哭丧着一张原本就不怎么好看的脸，这个有雀斑的小姑娘不愿意她这样折腾自己。她在那刻醒悟，就算她变成那样的女生，陈秋佳也不会喜欢她。他喜欢的是蔡明明这个人本身。

“如果一个人喜欢你，TA 喜欢的就是你这个人的本身。而不喜欢就是不喜欢了，再改变也没用。”

“草木有本心，何求美人折？”

“对的，我们不求美人折。

“就算有本事力挽狂澜又如何，根本没必要。你就是你，你没有必要学别人当不可分割的梨。分梨不分梨，不会影响你内心对自己的肯定和认可，反正，岁月有的是时间让你遇上更好的人，时间的手会一如既往温柔地触碰你的额。”

陈秋佳开始和宋长江一起骑车上下学。他嘴巴还是那么臭，喊她肥婆，扯她半长的头发，拉她去看新出的电影，一起大半夜去网吧玩英雄联盟，以及在路上时不时会买梨子跟她分着吃。

而他们的故事，未完待续。

时间替我们见证。

如果你是一条淡水鱼，深海未必适合你

世界上许多人都想要爬上山顶，登上去的很多，摔下山崖的也不少，所谓“不成功便成仁”就是这个道理。然而即使这样，还是不断有人往上爬，越高越好。

但是人总该量力而行，就好比如果你是一条淡水鱼，不一定要憧憬着到深海去，成功与否说不准，性命安全都可能成问题。有时候生活简单一些是福，深海未必适合你。

职场就如宦海，浮浮沉沉。老友之前是做财务的，朝九晚五，工资也不少，再正常不过的上班族。当初拼死拼活经过一轮又一轮的面试笔试筛选环节，挤得头破血流，终于得了这么一个位置。照理说是很庆幸并珍惜的，但是后来她却面容憔悴，整天跟我抱怨公司的水深火热。

事情是这样的。

某天她休假约了我去耍，当我们正在三号线地铁差不多被挤得快成肉饼时，她老板来了一个夺命连环 call，在熙熙攘攘的人群里居然可以清晰地听见他在那边死命喷口水的声音。我悄悄偏离了一下耳朵，隐隐约约还听到“那些钱”“不跟我讲”诸如此类的话。过了大概十分钟，他终于挂机。老友盯着手机翻了个白眼，我问她怎么回事。她说，是公司的事，已经烦到她想辞职不干了，可是留老板一个人撑着又不仗义。

老友手握财政大权，负责管钱，公司大小开支都经由她手。有个股东时不时会拿一些发票来报销，但是和他拿的钱财数目不一样，总是亏欠很多。老友是个实心眼的，就将这些事一板一眼完完整整告诉了老板，谁知道他问了股东几句话后，竟然反过来喷了老友一顿。老友说她比那只鹅还要冤枉，真憋屈。我不厚道地纠正，是窦娥……

然而这事算小了，之后发生的事情才真正差点毁了她。

那天股东拿了一沓红票子跟她说只要她不说出去那些事，这些钱就归她。那些事，就是指股东在外面用公款建的房子，买的新车。我原以为，老友不接就没事了，她当时也是立马拒绝了。可是她家里突然出了事，爷爷进了医院，需要大笔医药费。人在穷困潦倒的时候，一叶也可以障目。老友联络股东，颤抖着心肺接了那笔钱。

后来，她爸得知这件事，狠狠说了她一顿。她爸果然是条汉子，他说："什么事可以做什么事不可以做，你长这么大了还分不清黑白是非吗？！做你们这行最忌讳的就是受贿。"老友虽然有些心虚，但是想起以前学室内设计的日子就更难过了，竟开始口不择言。她说："我本来就是学室内设计的，是你们只知道挣钱，全然不顾我的感受，逼着我去学会计。会计这行我不想干了！您高兴了吧？"

她爸没讲话也没看她，背影有些踌躇，就像做错事的孩子。老友看着有些鼻酸，才意识到自己说话太重了。

最终钱还是完完整整退了回去，记得股东的脸臭得像坨屎。之后她就把这件事告知老板，老板调查属实后给老友涨了工资，当着全公司员工夸奖了她一番，说得力助手非她不可。

我说："这样不是很好？不违背良心，爷爷的医药费又有了着落。"老友忽然捂住眼，泪水却一点一点从指缝溢出来。她说："可是我很难受，我在这些黑暗里很难受，步履维艰。我现在一点儿都不想要往上爬啊。"

"是真的不想要往上爬。虽然以前学室内设计的时候一周有三天是吃泡面度日的，有时甚至饥不裹腹，但是过得很快乐。

每天灵感汹涌时就作画，清闲时和朋友聚会聊天，周末成群结队去逛街。就算什么事都不做，放首歌，收拾房间，剪剪指甲，晒晒阳光也十分惬意。不是逃避现实社会，只想做自己愿意做的事，这样就足够美好的了。”

我抚摸着她的背，有些惋惜的叹了口气。我看过她的作品，老友在设计方面颇有才华，用惊才绝艳来形容也不为过。但是，之前看她几个月里啃十几本书，不停地考证，就以为她是愿意去读会计的。现在才发现是为了家里，为了挣更多的钱，逼迫着自己去做不喜欢的事。

我说：“要不重头再来吧。辞了工作，重新学室内设计，去当快乐的设计师。人嘛，总得疯一次，选择自己喜欢的路，疯错了也值得，不是吗？”

我也不知道自己这个建议是不是对的，反正接下来的两个月我都没有见过老友。我没有联系她，她也没来找我，有种心知肚明的默契，不成功便成仁的大义凛然……

那天，我看见她给我打电话时，高兴得差点磕掉了下巴。我赶紧去见了她，望着她神采奕奕的脸，心情也跟着飞扬起来，听她汇报情况。

家里人听说老友辞了工都很惊讶，也没说什么，这关算是过了。然后她把扔在角落的马克笔捡了起来，布满灰尘的数位板和电脑重新开始运作。一开始手有些生疏，怎么画都画不出想要的感觉，透视结构和房子组合竟然也画不好了。她被自己折腾得快要疯掉，她气得直哭，非常懊悔。工作没有了，就连自己喜欢的事都做不好，她那一刻觉得什么都失去了，就好像输了整个世界。

一天清晨起来，她发现门边有一杯牛奶，拿起来的时候还带着余温。旁边是一张纸，她爸的笔迹。上面写着："如果你是一条淡水鱼，深海未必适合你。我们是亲人，只希望你做条快乐的小鱼。"她一看眼泪又不受控制地掉下来，一滴滴填满了空洞的内心。

她不再仗着以前所学的那些知识，而是重新买了新书，脚踏实地重头开始学起。画透视、画结构、画房间构造，一步一步，稳稳当当地走着。直到有一天，画出了心里想要的梦幻房子。

接下来就是一系列找工作的流程，在各种网上投简历，一间间公司面试笔试，但是这次她甘之如饴。

这样，才成就了这么一个眉飞色舞坐在我面前的她。我说："看来你在新公司挺如鱼得水的嘛。"她得意地笑，"我是浅水鱼啊，就适合在小公司里游，工资不高，可是没有尔虞我诈，日子十分圆满。"

"赌赢了吧？"

"嗯。"

天高任鸟飞，海阔凭鱼跃。但是跃不成龙门不要紧，飞不

到大海也没关系，快乐远比成功更重要。如果你是一条淡水鱼，深海未必适合你，大海的种种压力并非你可以承受。比起热闹翻腾的大海，潺潺而平凡的小溪却更加宁静祥和，当条快乐的小鱼远比冒险要来得更好。

第 03 章

我 的 青 春 要 辉 煌，不 要 挥 霍

这些年，我们追忆的青春往事

“往事不可追。”

也不知是谁说了这么一句话，当年听见的时候也不觉得有什么。但当真正度过这些时光，浅浅走来，却又蓦地明白了这句话的心酸无奈。倘若是可以追的，那这世上或许也就没了这许多的后悔和眼泪。

倘若那些丢失的被遗忘的往事是可以追溯的，那么能够让自己心胸坦荡重新来过的，又有哪些让你心满意足？

开同学会的时候鸣子迟到了，虽然这种二线城市交通还算便利，但却越来越多的人开着小车晃悠。他坐在出租车上的时候，就一直盯着手机，催着司机快一点。

司机听得不耐烦，火爆脾气也跟着冲了上来："这个点就是高峰期，我也想早点回家吃饭啊！"

要不是因为心里惦记着多年未见的同学，鸣子真想痛骂他两句。

聚会的地点是在一家星级酒店，鸣子也来过这儿，有同事结婚或者有什么喜事，就会选择这里。这里一是档次高，二是比其他花架子酒店实惠，当时别人问他哪家酒店不错的时候，他就推荐这家了。

下了出租车，他突然有些不想进去，如果进去了，该以什么样的心态来面对老同学？

如今他二十八岁，高中毕业整十年，但是他的人生并没有像当初设想的那样一帆风顺。他不知道这些话会不会被人再重新提及，如果提及，他也只能是一笑而过吧。

他进了酒店，摁电梯，到包厢。一屋子熟悉又陌生的面孔冲着他笑。有的他能记起，可是有的他却回忆许久，都想不起有过什么交集。

这次活动的组织人，也就是曾经的班长，看见他来，拉着他入席。看着他一身休闲装扮和这一桌全部西装革履的人有些不太搭调，班长笑嘻嘻道："你们看啊，这鸣子高中毕业都多久了，还和当年一个样，活力四射，一点儿也没变！”

鸣子也不知道他这是在夸自己，还是在损自己，总之心里有些不太舒服。在座的各位，大多都已经是公司高层，或者自己做着一些生意。

没有人像鸣子一样是自由职业，所以大家的眼光不由得有些放肆起来，而鸣子显然也觉察到这一点。

“当年，鸣子可是还追过隔壁班的莉莉，不知道人家现在结婚没有，说不定，还牵挂着你小子呢！”

不知谁起的哄，这个话题一被说起，所有人都有了兴趣。

“就是，当年还听说你在篮球场把她给拦了下来，给她一本自己画的小册子，当时把人家给羞得逃跑了。”

“你可是我们班的班草啊，当年多少女孩儿喜欢你。”班长一说，指着桌子上几个女同学，“你、你、你们……是不是都喜欢过鸣子啊！”

鸣子尴尬地拉了拉班长的衣袖，不过一开始的紧张和担忧也消失了。他倒了一杯酒举起来：“今天因为堵车，所以来迟了，不好意思，让大家久等了。”

“我们也没有等多久，况且我们都已经先吃了，不好意思的是我们才对。”

“这才毕业多久，十年而已，当年我们几个可是在一个饭盒里吃肉的，现在说这些干什么！”一个男同学如此说道。

同学们互相大笑，人生中的少年时代过得唯美悸动，那么此后人生，或许就会经常回忆起来。而鸣子亦是如此。他可以不去想家里为了柴米油盐而忧愁唠叨的妻子，却时时想到当年青草香的空气里，羞涩脸红的少女。他可以不去想一时的工作压力，却时时想到当年几个兄弟一起翻墙打架，什么都做的样子。

大家一起谈了近况，无非就是最近做了什么大生意，然后儿子多大了，公司老总又怎么抠门，同事里又有谁最有心机害了自己，或者是想去旅行但是不知道去哪里之类的话题。

这些鸣子都听着，看着他们喋喋不休的样子，想到了一件事。

高中的时候大家会经常聚在一起聊天，放寒暑假的时候也会溜到一个人家里，趁着父母不在，喝上一点小酒，嗑个瓜子，一聊就聊一下午。没有学习功课的压力，总会让人畅所欲言。

鸣子一直不吭声，班长有些担心："鸣子，你别是在家里创作憋出病来了吧，怎么一声不吭的。"

"就是，当初你选这专业的时候，我看就不太对。画画不就是成天待在家里吗？你别是像那些什么大明星，得了忧郁症了吧……"

"去你的，别瞎说。"一位女同学解围，"我在网上看见鸣子的连载了，可火了。听说你最近出书了，我还准备买几本，让你给我签签名。我们公司几个女孩子，都在追你的漫画。”

“嗯……”鸣子点头，笑得有些勉强，“好。”

只要和这么一群人待在一起，就感觉有了一种青春年少的感觉。

“鸣子，你现在结婚了吗？有没有女朋友了？”

“对啊对啊，当年那个莉莉，现在也没有音讯……”

“你们怎么老提莉莉。”那个女同学白了他们一眼。

鸣子皆一笑而过：“结婚了。”

众人大惊：“什么时候的事啊！”

“你怎么不告诉我们一声！”

“小子也太不厚道了！”

“准备半年后办婚礼，”鸣子也有些无奈，“想让书卖得好一些的时候，给她办一个好一点儿的婚礼。”

“哟……”班长听他这语气，有些嫉妒，“她是谁？今天怎么不带来给我们认识认识？”

鸣子一笑：“你们不一直都在讨论她吗，就是莉莉啊。”

周围一片起哄声。

说他这么多年，终究还是不负当初心愿，把心爱的女生追到手了。鸣子只是笑，并不答话。

这么多年，这么多年……

时间一晃过去了这么多年，莉莉也不再是当年那个莉莉。

从年少走出来的莉莉再也不复当初青涩，看着他的眸子，再也没有了亮亮的光芒。

她难道不爱他吗？不，她是爱极了他。

她照顾他的生活起居，包容他那些小粉丝对他疯狂的爱慕。一心一意，心中只盛满了他，或许正是因为这样，才让鸣子觉得生活毫无激情，一直墨守成规，让他变得不再是当年那个激情万丈的少年。

这一切都显得太平淡，太不梦幻。

聚会结局，一桌子都是AA制，虽然大家吹着各种各样的牛逼，却最终没有谁能去前台吱一声。大家都是聪明人，一看就知道该做什么事。

已不是当年那个下午聊天的时候，两元钱一包的瓜子那么简单了。

生活总会让人变得狼狈，而青春到了最后，都是用来追忆。毕竟回不去，也不奢望回去。

回到家时，莉莉已经熬了一锅银耳汤，鸣子终于正正当当地盯着她的眸子看。她的眉眼只是成熟了一些，说话气质越加温和，看见他盯着自己，脸一下就红了。不好意思地低头："我想你可能是喝了酒，在聚会上也吃不好，所以就熬了些银耳汤，不知道你想不想喝，喝了就去睡，应该会好受一些。"

鸣子一把抱住妻子，一时竟然说不出任何话。

莉莉被他抱得不知所措，问他怎么了。

鸣子闭眼，眼泪流了出来：“我得珍惜现在。因为现在，就是明天的昨天。”

大多数人，因为缅怀过去，把忧愁搁在今天，把辛劳放在明天，而面对的，将会是一片愁云惨淡。

你得相信啊，这世上并不是所有事情都那么糟糕，就像很久以前的你，和很久以前的岁月。

那些时间越走越远，不足以影响你的生活。你只需要时时回想，不让自己忘却，不要只盲目于今天与明天就可以。

生活中的幡然醒悟，在于珍藏昨天，珍惜今天，珍视明天。

因为今天度过的时间，就会是明天所追忆的青春。

就连回忆都会过期，还有什么是忘不掉的呢

最喜欢吃的鱼罐头会过期，最想要的玩具到了一定的时候也会过期，电池会过期，冰箱电视一切都有保质期。

就连最喜欢的人，也不一定一辈子都会一直喜欢着。

大多数的人会选择在保鲜期里享用该享用的东西，比如冰淇淋，比如巧克力，比如一些三分热度的喜好，还有一些还算喜欢的人。

但如果过了这个保鲜期，大多时候都会变得不一样，他们不会再像当初那样认真踏实地喜欢，而是把借口和理由归因于

“它已经过期”。

这或许还不是最糟糕的。

更糟糕的事情就是在你明知道它已经过期之后，心里还会有那么一些眷恋，眷恋到让自己都觉得烦不胜烦。

这种时候，你应当明白，不管遇见什么事情，你总念念不忘的红烧鱼，长久不吃，就会有水煮鱼、清蒸鱼和脆皮鱼来代替它。你总依依不舍的旧衣服，搁置不穿，总会有连衣裙、旧衬衫、牛仔裤来陪伴它。

你想拥有的大多数东西，在它失效的那一刻，总会有更适合的前来代替。

周磊在我们公司只是一个不起眼的小职员，可以说是默默无闻的那种，老板欣赏他的老实，我们平常也只热衷于开他各种玩笑。他腼腆的笑容和不多的话并不会让人提起太多的兴趣。

他大学毕业已经两三年，没有女朋友，家在本市，离工作单位太远，所以就选择租了一间屋子住在公司不远处。

有时候，出来玩晚了的同事就会去他租的屋子里过夜。

那一次，我和他还有两个同事一起住在他那间一室一厅的屋子里，起因是我和那两个同事想在晚上看世界杯，可是女朋友肯定会唠叨，于是就想到了他。

他家收拾得很整洁，和我们这些不会打理的人相比，简直就是天壤之别。当然，他并不太喜欢和我们搭话，也不太喜欢和我们一起看电视，和我们聊了一会儿天，他就自顾自回到房间睡觉了。

我们几个窝在客厅，等待着期待已久的足球赛。

正在我们百无聊赖之际，一个同事指着茶几上的相框，好奇又八卦的样子问：“你们看，这个女的好清纯，周磊不是说他没有女朋友吗，怎么会有女人的照片？”

我觉得这样讨论周磊有些不太好。毕竟在别人家里，于是一巴掌拍在那瞎嚷嚷的同事的脑门上：“瞎说什么呢，人家周磊的事，哪里需要你瞎操心。”同事附和附和，也就不再言语。

可是没想到，这缺心眼的同事过了两天当着众人的面，就询问起周磊，当时周磊正在复印文件。

被这样一问，手一哆嗦，在要印的份数后面多摁了一个零。白纸哗哗哗的从复印机出来的时候，已经晚了，周磊低头看着复印机，一句话也不说，同事也知道大事不好，就给我使了个眼色。

我对周磊一个劲儿地解释：“周磊啊，你别介意啊，他这个人就是有嘴碎这个毛病，没啥坏心眼！”

周磊抬起头，对我们笑了笑，把复印好的东西拿出来，毫不介意地说道：“没什么啊，那是我前女友，没什么不可告人的。”

他这样一说，我又有了些想要问下去的欲望：“那你们怎么……”

“等你们哪天来我家，我再给你们讲吧。”周磊微微一笑，“现在是上班时间嘛。”

我们大家听了都把这件事放在心上，我们虽然不八卦，但是周磊这种人一看就是有故事的。他平时不显山不露水的，连多余的话都不会讲上一句，真不知道会有什么样的故事。

大约是两天后，我们一起聚在了周磊家，虽然只有那个多嘴的同事和我。我们两个坐在周磊的客厅，周磊给我们买了一瓶红酒，给我们三人各倒了一满杯，才开始讲他和他前女友的故事。

周磊的前女友和他是初中同学，两个人初中在一个学校，但并不熟悉，只是互相知道名字的关系。到了高中，两个人在一个班做了一个学期的同桌。

那个时候，她总会在上课的时候偷偷找周磊玩五子棋，才上高一，心态都没有那么紧张。她时不时会请他看漫画书，请他吃冰淇淋，到了最后，已经是有什么事，都会找他的状态了。

就像是找不到母亲的孩子，她一直都显得很依赖人。两个人之间多余的话都不会讲，但她需要什么，他都能拿出，两个人就是这样合拍。班上也渐渐传出两个人的小道消息，可是两人一直都否认了。

后来，高二分班，两个人一文一理，开始了不同的方向。

自然是做不了同桌了，她经常会发短信问他学习怎么样，他也会提醒她经期来了不要碰凉水，不要不顾胃病乱吃东西。或许正是因为这样的亲密无间，两个人在不知不觉中就在一起了。

高三的时候，两个人志向不一，但都决定要在一个学校，并没有想过和别人在一起，当时两个人就想，就是对方了，认定了，不能再放开。

大学两个人如愿以偿地在一起了。

过着大学情侣的生活，中间也有许多波折，她并不普通，才华出众，容貌清秀，得到许多男生的爱慕，而他因为在各种晚会上主持节目，也受到不少女生的青睐。

原来的周磊绝对是一个活力开朗又出口成章的男人，这样的男人风度翩翩，谁见了都会欣赏。

我终于明白为什么从一开始我们就会对他的故事上心的原因，虽然他在工作上一直都是只做事不说话的人，但是交际方面，包容得体，从没出过什么岔子。

他和她在毕业后，因为工作原因发生争执，她那时也想和别的男人交往。因此，她当时对他说："我舍不得你，可是我不想我这一生只交往过一个男人，我想知道别的男人怎么样，他们好不好。"

周磊答应了，十年的感情以句号结尾。

周磊说到这里的时候，仰脖子喝了一大口红酒，眼睛里布满血丝，对我们说："你们回去吧，如果不想回去又觉得太困，就睡沙发。"

我们那一个晚上都没有回家，我和另一个同事霸占了周磊的床，把他踹到了床底。因为周磊最后喝得烂醉如泥，一直叫着前女友的名字哭。

我和同事看着这样的周磊，心里怪不是滋味。我们以为周磊会因为这件事情而受影响，没想到之后他上班，依然是不言不语的样子。

恰逢当时公司有一个庆祝活动，我和同事都给领导推荐了周磊，于是领导安排周磊当主持人。那次活动上，我看到了一个不一样的周磊，眉宇间神采飞扬，举手投足自信的模样让人欣赏。

活动结束后，周磊在公司名声大振，开始有不少阿姨给他介绍对象，周磊的脾气很温和，也不拒绝，只说交个朋友，恋爱倒不急着考虑。

第二年夏天，周磊和一个阿姨介绍的女孩结了婚。那个女孩眉清目秀，脾气温温和和，对周磊也好得没话说。周磊疼爱她，超越了对任何人。

婚礼上到了新郎新娘敬酒的时候，周磊对着我和那个同事意味深长地一笑。当我们后来问他为什么会有那样的笑容时，他只是说："我以为我会纠结着过去念念不忘，但是，当我看到妻子为我付出这一切后，我才明白，任何事情都不会一直停留不前。”

我们问他知不知道前女友的消息，他点头：“她有了男朋友，也知道我结婚了。哭着给我打电话，问我有没有后悔当初没有拼命挽留她一下，或许那时她就会心软，不会离开我。”

我问：“你怎么说？”

周磊又笑了：“我告诉她，我尊重她的每一个选择，我也并不后悔我当初的选择。如果她没有交往过其他男人，就永远都不知道我的好。当然，她用这个事情证明了一个道理：没有什么人永远都会停留在原地，记忆是会褪色的，随着时光慢慢走远。我会记得她是谁，她给过我怎样的心痛和心动，但是，我再也不会和她在一起，因为她已经走远，而我有的只是回忆里的她。”

我和同事惊叹他竟然看得这么透彻。

确实，无论是怎么样的回忆，都有泛黄不再清晰的那一天。而我们所回味的人，也并不一定就需要你的眷顾。他活生生留在你的回忆中，这就已经足够。

或许你会忘记，但是那已经不再重要了。

拥有过的痛和疤，我们慢慢结痂，存放抽屉，任它尘埃染落，随岁月，而遗忘。

你一直觉得你和别人不一样，成功的时候，你们都一样

很多时候，你或许会觉得，每个人生来就与别人不同。没错，的确如此。

有的人生得一张惹人喜爱、千娇百媚的脸；有的人却斜眼歪眉长得不如人愿。有的人个头挺拔如松；有的人却永远矮人一截。有的人自小就不能言、不能见、不能闻，而有的人却可以健健康康、无病无灾、顺顺当当过完一生。

许多人埋怨自己没有出生在大富大贵的家庭，没有财产千万的父母。而拥有这些的人，又大多埋怨父母对自己呵护不

够，享受不到平凡的人能享受的乐趣。

每个人的起跑线本身就不同，自然而然就会有人说“穷人家的孩子早当家”“没有伞的孩子就要努力奔跑”“上帝为你关上一扇门就会为你开上一扇窗”。

是的，他们说的都没错。

在我们觉得一切都不尽如人意的时候，大多都会想着用这些话来安慰自己，我们不是了不起的人，我们只是普通人。然而正是这一点，才让我们值得庆幸。

原来我们是普通人。

我们比更不幸的人，还要幸运一点。

虽然，这也并不能代表什么。因为站在这个世界的角度来讲，我们每个人又完完全全平等，自一出生，没有人能知晓他今后的命运。

我们每一个人，本来就与众不同。

力克·胡哲刚出生的时候，一家人都不能接受他没有四肢的事实。他的左侧臀部下只有一只两个脚趾头的小脚。

他的父亲看见生出来的儿子竟然是这样，忍不住跑到产房外呕吐。他的出生让父母倍感震惊。

没有四肢，这意味着他与别人不同，意味着他在许多我们习以为常的事情上，显得无能为力。尽管他的双亲带着他四处求医，却也没有医生能说明为什么他会是这个样子。

接受现实的父母，决定要将力克当成一个普通人来培养。

有的人觉得自己只是一个普通人，所以没有什么理由去努力。可是有更多的人，有多羡慕这样普通的人。

在力克·胡哲十八个月大时，他的父亲就将他放进水中，让他有勇气去学会游泳，所以现在的力克·胡哲在游泳方面是毫无问题的。他形容自己的那只小脚是“小鸡腿”，说在水里，这只小鸡腿则是他身体的推进器。

六岁时，身为电脑程序员的父亲教力克·胡哲用他的两只脚趾打字。到了要上学的年纪，父母选择送他去学校读书。虽然身体与别人不一样，但父母还是将他送到一所普通的学校。在那个学校里，力克·胡哲过得并不快乐。

在全是普通人的世界里，仅有一只“小鸡腿”的力克·胡哲要怎么才能和别人一样？在学校里，他备受欺凌，以至于后来有一天，他实在受不了。哭着对自己的母亲说：“妈妈，我想死。”

我想任何人，如果换成他这样的遭遇，都会有这样的想法，对生命对生活充满了绝望。外界的打压欺侮就像是残忍的催化剂，让内心变得不堪入目。

但是幸运的是力克·胡哲并未就此消沉。

十三岁的力克·胡哲在报纸上看见一位残疾人自强不息的报道。在那个时候，他就开始下定决心，对自己以后的人生做出了规划。他不过是没有四肢罢了，他是幸运的。因为，至少他有一条“小鸡腿”啊。

十七岁的力克·胡哲开始进行演讲。他并不觉得自己有什么不妥，因为他要告诉世界上所有人：跌倒了，就要爬起来！

“人生的遭遇难以控制，有些事情不是你的错，也不是你可以阻止的。你能选择的不是放弃，而是继续努力争取更好的生活。”

有些事情的确不是我们的错，我们并不能阻止。我们所能选择的，就是继续努力争取更好的生活。

力克·胡哲到世界各地进行演讲，迄今为止，他已经到过三十五个国家和地区。他把更多的正能量带给大家，告诉大家，我们不能决定一开始我们能拥有什么，但我们可以决定以后我们能获得什么！

拥有金融理财和地产学士学位的力克·胡哲，在人生轨迹上一步步向前走，从未选择退缩。或许他也幻想过自己有着四肢的生活，也想要一个正常人的身体。也消沉过、迷失过，甚至绝望过。

可是，他却没有真正的放弃过。

现在的力克·胡哲，有一位美丽善良的妻子。他与妻子相识相恋，并结婚生子。所幸，儿子很好，四肢健全。

在八岁的时候，想要自杀的力克·胡哲有没有想过自己未来会是这个样子呢？

那个时候的力克·胡哲有没有觉得这一切美好事物全都是自己不切实际的幻想呢？

这些我们当然不得而知，但当我们站在台下，坐在电视机前，阅读报刊的时候，力克·胡哲带给我们的震撼和感动，绝对不会只是短暂的一秒。它像是一场惊天动地的风云，在力克·胡哲的身后乖乖服从，上演着我们从未预料的传奇。

人生如此，又有何憾？

力克·胡哲说："认为自己不够好，这是最大的谎话。认为自己没价值，这是最大的欺骗！"

没错，出生的不同，环境的不同并不能说明你不够好，没有价值。你的价值，你存在的意义，你若闭着双眼，自然是看不见的。

但是，当你拨开云雾，豁然开朗的时候，你就会收获另一种美景，另一番动容。

有何惧？

纵然我们的确是不同的，这种不同变换成我们自身的标志。越来越长久的岁月中，它只会让我们走的越来越远、越来越好。

失败并不可怕，要继续去尝试。如果失败一次两次就觉得自己无药可救，觉得人生已经了无希望，那么，又有谁可以成功呢？

往往成功的人都经历过曲折心酸，在各种无情的历练中，最终成为钢铁般的坚强战士。

你所拥有的态度，就决定了你所存在的高度。

你一直认为自己将会一事无成，你所做的任何事都是一种无形的折磨。那么，你所存在的地位也将显而易见。

但若你怀着终将成功的心态，带着自信与努力去争取，那么你显然比那些不愿看见阳光的人站得高得多。

机会只会留给有准备的人，当那些得之不易的机遇来临，身心处于低谷的人们总会觉得这可能是假的吧，上天怎么会眷顾我呢？就算机会给了我也不能很好地把握。

而那些自身带着阳光心态去面对生活的人，往往能发现机遇，并在机遇到来之前就能察觉，做好高度的准备，无论是什么事，都有能力也有自信能够做好。

所以，对于这两种不同心态的人。如果是你，你会更加欣赏哪一种呢？

自怨自艾并不能改变什么，大多时候只会让你觉得生活了无趣味。但只要你多看看书，多出去走一走，看一看外面的天，见一见山水，听一听那些来自四面八方的人潮人涌，心态上就会有很大变化。

有的人对生活充满了抱怨，让人们一见到他就避而远之。而有的人则满面春风，一脸盎然的模样，即使与你素不相识，你也不会觉得有什么不适合。

这个世界就是这样。

你有千万种和别人不同的理由，你可以任由自己变成任何模样，却不能阻止自己变成成功的模样。

光束与鲜花围绕的模样，只有体会，你才会明白，你与那些你曾经仰望着的人，其实一样。

天晴或落雨，你生活里的天气也可以干脆一些

小时候，看着满天的星斗，当流星飞过的时候，却总是来不及许愿；长大了，遇见了自己真正喜欢的人，却还是来不及。

——《停不了的爱》

有位著名作家说过：小说来源于生活。其实电影也是从生活中提取出来的。就像《停不了的爱》里的情节，很多事情你不去做，畏畏缩缩犹犹豫豫，接着就错过了你想要的东西，错过了喜欢的人，错过了很多感情，而你只能踮脚张望你抓不住

的一切。错过的东西往往是最让人念念不忘的，因为一步之遥造成的咫尺天涯，永生难忘。

往事如风不可追。

但人活着就注定有太多的来不及，而我们能做的，就是果断坚决点，别让你的人生留下太多遗憾。那时年少的鲁莽自大蒙蔽了我的理智，从来不屑于这些大道理，直到尝到苦头，直到失去珍贵的感情。

我还记得第一次喝啤酒喝得烂醉如泥的情形。原因也可笑，不是因为高三学业的压力和迷茫，也不是因为暗恋的男生不喜欢我，而是因为我的同桌，何青青。她也是女生，但有时候女生之间的感情要比世上任何一种感情更复杂，因为女生就是个大麻烦，所以争吵也来的毫无头绪。

我们原本是非常好的朋友，高二分了文理科才遇见，而且当了同桌。更巧的是，她是我初中同桌一直寻找的发小。可能这是命运，让我们遇见，让她教会我如何对人好，然后得到该有的结局。

真正使我们友情加深的是学校组织的一次郊游。听说是学校给我们高二的放松，正所谓弓过满则折。我们去的是森林公园，有男同学提议爬上山峰，可以一览众山小。于是，大队的人开始轰轰烈烈往山上进攻。我们的行动是瞒着领导老师进行的，因为那座山尚未经过人工开发，十分陡峭险峻。青青有些担心，一开始不打算上去，听说我要上去她就也跟着去了。我走到一半已气喘吁吁，回头一看青青更是嘴唇都白了，似乎要晕过去。

我吓了一跳，她才告诉我她有些低血糖，我呵斥："身体不好还逞强跟着上来！"她微微笑了笑："我怕你出事啊。"不知道为什么听了这句话竟有点想哭。结果下一秒我就真的要哭了，青青晕了过去，而同行的男同学早已不见人影。我咬咬牙，一把背起她往山下走去。果然是上山容易下山难，我滑倒了无数次，每倒一次就害怕一次，怕自己再这么磨蹭下去，青青真的会出什么事。终于连滚带爬到达山下工作人员那里，青青才被送去医院。她醒来后看着我包扎着的手脚和脸上的伤口不断掉眼泪。自那次后，我们彼此间多了一份默契。

后来我们成了班上最好的朋友，出双入对，就差为对方两肋插刀了。明明那么要好，却在睡醒一觉后，发生了天翻地覆的变化。

我真是丈二和尚摸不着头脑。何青青在早上就搬开了桌子，不跟我说话，就好像我是一个透明人一样。如果是我不好，是我的问题，我不够勤奋，我学习不好，甚至是讨厌我这个人，说出来我可以改啊，但是她甚至连说一句对不起的机会都没给我，就抹除了我在她生命里的痕迹。我知道她有这个权利，但是我不甘心，很不甘心。那么深厚的感情说不要就不要，她竟也舍得。是不是这么长时间的点点滴滴在她看来根本就是我的一厢情愿，我以为我们有很要好的情谊，对她而言却是无足轻重的。

然而，这些话我任由它们烂在心底也没有去问一个字，任由她离我越来越远。因为我一时的犹豫，失掉了十几年来第一份那样深厚的友情。

毕业后，我们各奔东西。辗转打听才知道，何青青举家搬去了上海，她读了一所当地的大学，并打算考研。我几度寻找，才找到了她的微博。看见她的照片，还是那么好看。只是我们再也不会牵手去吃东西，再也不会一起逃课去买衣服，再也不会冬天挤在一张床上互相暖脚……再也不会在一起。

其实说不后悔，是假的。我还是很想念她，总是梦见我们和好，醒来却发现是在做梦。但还是希望她走得越远越好，对得起所丢弃的。

好友曾经跟我说过后悔和遗憾的区别，后悔是已经做过却觉得不应该那样做；遗憾是还没有做又念念不忘的事。但是说到底都是迟疑而错过的状况。

我也有过很多遗憾，也后悔过很多次。

例如，跟父母吵架，口不择言说了许多伤害他们的话，过后又后悔莫及，但又拉不下脸去道歉。一直非常刻意地去忽略这件事，等到下次说起这些事时才知道对父母的伤害原来是这么深。养儿方知父母恩，被不被原谅是一回事，自己怎样做又是另一回事了。

例如，没有握住自己喜欢的男生的手，明明当初可以在一起，却因为自卑、胆小，没有走出那一步。到后来看到他和别的女生在一起与自己越走越远，最后只能用不合适来自我安慰。

再例如，我这个人非常喜欢买书，若非实体书，看了也不舒服。这是一个怪癖，自己拥有的书才愿意看。在每个人看来，喜欢的东西再贵也愿意买。而我却总是等着书店搞活动打折。但是通常有了活动，想要的书却不在范围内，唯有一等再等，还买了大堆不需要的书。等到手头宽松了些，或者有好友愿意拼单，书却早已缺货下架。就像刘同想要的阿迪鞋一样，总是迟迟下不了决心去买，一而再再而三地等待，然后不断错过，不断失去。

看到这里，可能你也会想起曾经由于犹豫而与之擦肩的东西。那些年没有告白的人，没有去赴的约，没有买的橱窗里的连衣裙。其实，没什么好等待的，想要的必须努力去争取。**天晴或落雨，你生活里的天气也可以干脆一些。虽然在流逝的时光面前，我们都是那么苍白无力，但岁月如同榕树的根须，它会把最美好的东西扎进我们的骨骼里。时隔多年以后，你想起来，依然可以清楚看见它的面容。**

说到这里我忽然想起十八岁的生日，我们班有个传统，寿星公要接受大家的祝福。那天晚上我站在讲台上。班长问我，在这个班里最感激谁。全班五十多双眼睛盯着我，我没出息地看着何青青，满脸笑容，眼眶发热，喉咙哽咽。

前些天跟她闹别扭，闹得非常严重。那时我们还没和好，但是我知道她舍不得我难过。我嘴巴想张开却又是一言不发，我怕太矫情。

现在回头一看，如果可以重来一次的话，我必然将所有的顾虑抛诸脑后，开口挽留是不是就不会失去了呢？其实我最感激何青青，那个小姑娘总是默默在一边看着我护着我，给我鼓励给我温暖。

是啊，岁月岁月慢些罢，酒和浓汤我们都还没喝够。

不要忽视微弱的力量，有时它也会散发出迷人的芬芳

未曾见过耀眼光芒，才会被细小的微光打动，或许这样的微光不足以震撼，却足够深刻。即便有朝一日你会对万丈光芒有所景仰，却也忘却不了，当初让你落泪的微光。

搬来这个小区前我就对隔壁邻居有所耳闻。小区是早年建设，所以有些年头，设施都比较陈旧。好在绿化不错，没事的时候在楼下转转和在公园没什么区别。

当我拖着行李对门卫自报家门时，门卫惊诧地瞪圆了眼珠，用一口方言问我："啥？你竟然是那赵老太的邻居？"

虽然搬来之前房主就再三叮嘱我要注意这位邻居，可是我也并未过多担心。一来，在我看来众人眼中的赵老太不过是一个七十岁的老年人，能折腾出个什么大事？二来，这里环境确实清幽，而且最重要的是价钱便宜，方便我工作。

寻思着这些人不过是大惊小怪，我宽了心，放大了胆，提着行李入住 601 号房间。让我不曾想到的是，那些人说的话，并非是空穴来风。

我是夜猫子，不到凌晨不睡觉。可偏要命的是，隔壁的赵老太就像一个定时闹钟，每次当我睡着梦做到一半时，她屋子里就开始热闹起来了。

我方才也说过，这个小区有些年头，设施都很陈旧，所以屋子一点儿都不隔音。我每天都会在她叮叮咚咚锅碗瓢盆的声音中醒来，往往迷糊着翻个身拿出手机一看时间，才四点不到。

我不得不佩服这个老太的精力，不过也亏她这般折腾，不然我也不可能改掉我的作息时间。现在每晚一到八点，我就准时上床睡觉。

在这些热闹的声音里，我慢慢对赵老太有些嫌恶了。一开始我还能忍受，但是日子久了，我的睡眠质量就越来越差，每天不到那个点，我自己就开始醒。每次当我进出大门时，门卫总会给我一个意味深长的眼神。

慢慢地，我开始对这个没见过面的邻居，有了想要好好沟通的念头。可当我冒出这个念头时，另外一件事却又让我于心不忍。

我很宅，工作完后我的时间基本在屋子里度过，很少外出。所以生活垃圾自然而然有很多。我每一周会大扫除一次，这一周的垃圾，也会在这个时候清理。可是第一周，当我把第二袋垃圾放在门口，准备等一下和其他垃圾一起丢时，却发现第一袋垃圾不见了。

我想或许是哪位好心人怜悯我每天活在水深火热中，想为我做点好事，所以也就不在意。进屋拿了第三袋垃圾，当我把第三袋垃圾丢出来时，却发现第二袋垃圾又不见了。

这速度快得令人咋舌，我抬头望了望上下空无一人的楼梯，不禁冒了一身冷汗。不过我想，万一这世上真有飞毛腿呢？不是说高手在民间吗？万一真有人比刘翔还快呢？这样想着，我又觉得松了一口气。

可是第二周第三周，每周都是如此，对方好像也摸清了我的规律，定时定点，从来都不会耽误一次。

我寻思着，应该是哪位清洁阿姨吧，见不得我这儿有这么多垃圾，所以就一起扔了。这样一想，我不禁佩服起这个小区尽职尽责的清洁阿姨。

但直到某天到来，我才知道我之前的想法有多乐天。

那天朋友有约，晚上吃完饭后，我回到小区，争取在八点钟就能上床睡觉。到楼下垃圾桶时，我停顿了脚步，因为垃圾桶边一位白发苍苍的老人正在翻找垃圾。

此时盛夏，苍蝇蚊子在她身边打转，垃圾散发出的阵阵恶臭让人退避三舍，但是她却没有丝毫嫌弃的意思，一脸认真地用一根树枝在垃圾桶里翻找。

她的个子比那半人高的垃圾桶高不了多少，满头白发理在脑后根根分明，而且表情极认真，整个过程她都在专注地翻着垃圾桶。她头顶上是一盏路灯，暖黄的光照在她矮小的身躯上，投射出更矮小的背影。

我准备不理会她，从她身旁走过，可是没想到她却停止了翻找，转身准备上楼，我这才注意到她一只手提着一个超大号的黑色塑料袋，里面装着各种各样的瓶瓶罐罐。

我跟在她后面，上了二楼、三楼……到了六楼时她停下了脚步。

平时我爬六楼都觉得气喘，没想到她却健步如飞，我心想这一方水土果然养人。

然而我没想到的是，她提着那个垃圾袋，走向我隔壁屋前，在衣裳兜里快速地找出了钥匙，并成功打开了门进去。

我一时愣在原地不知如何是好，没想到，这个翻找垃圾桶的老太，竟然就是我隔壁的赵老太？！不过我很快理清思绪。想来这个小区也没几个老太会精神到凌晨四点起床掀厨房，爬个六楼气不喘腿不抖。

这样一想我心里好受多了，并也知道了这几周帮忙丢垃圾的“真凶”是谁。

于是赵老太在我的印象里除了讨厌和生物钟的标签外，又多了一个捡垃圾和飞毛腿。

然而我却又要感谢这个赵老太，如果不是她，我估计也不会健康地活到现在。

我习惯关窗户，因为睡眠不足，所以总会时不时犯困。未曾料到，我这时不时的困倦，却差点给我惹来祸事。

那天我在锅里熬粥，米搁在锅里后我就窝在房间玩电脑。玩着玩着就困倦了，躺在床上就开始呼呼大睡，全然忘了锅里的热粥。因为睡眠质量不好，我总会吃一些安神的药，只要吃了药，一睡着就很难醒来。

我是被赵老太的冷水泼醒的。醒来后我看到烟雾缭绕的屋子，鼻腔充斥着浓烈的焦味，我立刻就精神了。赵老太凶神恶煞地立在我面前，指着我的鼻子一顿痛骂，我这才回过神来。

粥没了，锅也烧坏了。赵老太一闻到糊味就来砸我家的门，可是无论怎样我都没有打开门。她一着急，找来保安，保安也束手无策，最后她打了电话请消防员，消防员两三下开了门灭了火。我看了厨房后一阵心疼，也不知这得多少钱才修得回来……

而直到多年后，我想起这件事，才开始后怕起来。

让我意想不到的是，那些消防员对赵老太都很恭敬，其中两个走的时候还拥抱了她。我心想，国家的消防队员什么时候这么矫情了？

直到后来，我才知道真相。

自从厨房事件后，我和赵老太就熟悉起来。说是熟悉，不过是我提着牛奶水果敲门道谢的时候被她丢出门外，和偶尔去她家死皮赖脸蹭饭的时候她给我夹一满碗的菜。

她家有一个垃圾分类箱，各种各样的瓶瓶罐罐分类，所以我并不是太爱去她家，只是觉得她有时太孤独，而我有时也是。

九月末的时候我回家办理证件，需到当地派出所，所以得离开小区几天。走之前我到赵老太家里坐了一小会儿，走时放下了给她买的一只发箍。这次她并没有拒绝，而是顺势戴在了头上，一点也不客气。

却没想到这一面，竟是见的最后一面。

回到小区已经是七天后的事情了，家里办证件手续颇多，程序麻烦，再加上很久没有看见父母，索性多留了两日。

回来时就听到赵老太去世的消息。

我回来那天正赶上出丧，一群消防员来为她送行。直到那时我才知道，孤寡的赵老太年轻时丈夫去世，一个人把儿子拉扯大，儿子成人后，当了消防员。在一次火灾事故中，不幸牺牲。

她失去了唯一的儿子，国家给她的抚恤金，她全部捐给了社会慈善机构。每天四点不到她起床和面蒸馒头，把这些馒头送到消防队，这些馒头也承载着她对儿子的思念。

几年时间，除去国家抚恤金，她靠着四处捡垃圾卖废品，一共向福利院、孤儿院和其他慈善机构捐赠二十余万。

所有账目她都记在了本子上，没有丝毫偏差。

她是突发脑溢血去世，去世的时候身边没有一个人陪伴。她救过我，她葬礼的时候，我胸前戴着白花，站在一旁泪流不止。脑海里一直是她站在昏暗路灯下，矮小的身子佝偻着翻找垃圾桶的样子。

2012 年夏，我想回到那个小区看一看，却不想那个小区因为太老旧，已经拆迁。

我开始并不难受，觉得如果拆迁的时候赵老太还在，她一定会很伤心吧，毕竟那里有她和家人的共同记忆，我庆幸她不在。可是我却又突然难受，心想如果拆掉了，那么赵老太不是就再也没有家了吗。但是，她早已被人遗忘在尘世，如一粒细小的尘埃，闪烁在微光之中，让人看不清，并逐渐模糊。

无论多少年过去，那细小微光，总会在黑暗中渗透出来，隐约让人感觉到希望。纵然不及光芒万丈，也曾经，温暖心房。

第04章

宁 欺 白 头 翁， 莫 欺 少 年 穷

人生不如意十之八九，分量重的却是其中一二

如果说，把我们的人生平均分成十分。其中愁苦占八分，快乐占两分。你是愿意选择那两分的快乐还是选择那八分的愁苦呢？

我想，在任何时候，我们的人生都有选择的权利。当哀愁与快乐相互较劲时，自然也有犹豫的时候，但是，人们会下意识的往那两分快乐靠近一点。

也许那两分快乐持续的时间并不长久，却尤为重要。试想，如没有这两分快乐，那八分愁苦又怎能算作是愁苦？

无非是一段不为人所好的路程罢了。

有一段时间特别流行玩吉他，我身边的朋友基本上人手一把。学的最差的基本上也可以弹上一首小情歌，我看了也觉得心痒，也想去学学。

我学吉他的时候，也是抱着玩玩的心态，我的朋友把我推荐到本市很有名的一家琴行。关于它为什么有名我的朋友说，在本市里，这家琴行的老板参加过大大小小的比赛，所以学起来特别好。

报名的时候老板不在，只有他请的两个老师在，其中一个老师把吉他抱在怀里给我弹了一段抒情歌曲，然后抬起头问我："喜欢吗？"

我犹犹豫豫点头："还行吧。"

然后那个老师就一脸沉重："想好了啊，如果真喜欢，就可以跟我学，如果不喜欢，学了没兴趣也等于零。"

我听他这样说，又想起身边朋友们弹吉他的样子，心一横，一咬牙说："成，就学吧，反正也是没事干。"

于是我和一群半大的孩子，还有几个上了年纪的文艺青年，一起加入了吉他队伍。

学吉他并不容易，一开始拨弦还让我觉得有些好玩，但后来到了按品扒弦的练习，我的手指头就没消停过，不光磨出了血泡，后来还慢慢长出了一层茧。不过我并没有因此放弃，我甚至觉得这并不困难。

不就弹弹学学？有多矫情才会嫌弃这么点苦楚？那段时间我几乎天天往琴行跑，一吃过晚饭，就溜进琴行，并且一练就直到他们琴行关门的时候。

琴行每天晚上十一点关门，我每天下午六点就吃晚饭，所以美好的夜晚基本上都泡在琴行了，但我也不觉得难过。琴行里漂亮的姑娘也有一些，那气质容貌看着就引人注目，一来二去，我也认识了一两个不错的姑娘。

在她们口中，这家店的老板，简直就是一个传奇。

后来有一天，我在练习曲子的时候，偶然见到了那个传说中的老板。老板年纪很轻，和我差不多大的样子。在我的印象里，在我这个年纪能够开一家口碑极佳的琴行，并且被人说成传奇的人，太少见了。

琴行老板在当地，大大小小也算是个名人。

那天我朋友和我一起去练琴。以前我没学吉他的时候，都是和他们一起去那里听人唱歌。那里经常有流浪歌手唱他们自己写的歌，和现在的流行音乐不太一样，却听着很令人动容。

老板和我们这些新来的学员打了声招呼，然后就拿起吉他，坐在一旁静静地唱起歌。他的声音和他的年纪并不相符，有着让人诧异的沧桑。

我虽然惊愕，却并未表现出来，一直安安静静地听他唱着。

他唱完，才看到我，对我笑了笑："听说你是个作家，来我这儿学琴，是不是挺无趣的？"

我连连摆手："哪儿能，这学琴的趣味，可不就得自己体会吗，你刚刚唱的歌挺好听的。"

他腼腆一笑："是我自己写的，写给我前妻的。"

我当时就惊呆了，你说这上帝公平吗，同样的年纪里，我连个女朋友都没有，而这位仁兄，就已经有前妻了！

"厉害啊。"我嘴上恭维，"这也不是什么大事，你看现在好姑娘这么多，没准下一个更好呢。"

他轻轻一笑，再也没有回答我的话。我一想也是，看着他一脸不如意的样子，虽然装作很潇洒，但是又要怎样面对心里的那条伤疤呢？

我一直坐在他面前听歌，坐了一个晚上。

坐到他们店关门，他也准备走了，我才拿起吉他，他冲我笑："现在回家不会晚了吧？"

我摇头："我想听听你的故事。"

我不确定他会不会拒绝，但我有一种直觉，觉得他是一个善良的人。他看着我，像是要看清楚我是谁一般。他把他的吉他背在后面，对着我说："走吧，去喝一杯。"

我带着他去了我常去的那家酒吧，上面有一个流浪歌手，在唱歌伤感的民谣。我们坐在角落，一人要了一杯鸡尾酒。

他听着台上的人唱歌，不知不觉，脸上也有了一丝落寞：“我这个人，从小就不是一个省油的灯，特别喜欢音乐。但当时我们家里条件不好，爸妈没钱供我玩音乐，我就跟着学校的音乐老师后面，天天缠着他教我。大概老师觉得我有天赋或者是不像闹着玩，就教了我一段时间钢琴。那个时候，我家又穷，根本没钱交学费，老师自愿教我钢琴，每晚都得很晚回家。说到底，那个老师是我最感激的人。”

我也在想着那位老师的善良。

他继续讲：“上了大学，我就开始自学吉他，并且和那位音乐老师的女儿在一起了。大一的时候我去参加节目，获得区上的三十强。老师特高兴，当时就带着我吃了顿大餐，但是复赛的时候我嗓子出了问题，没法参赛，只好弃赛了。”

“当时我心里特不舒服，你说我从小到大，就这点爱好，我有什么错？那段时间我过得很落魄，但女朋友并没有嫌弃我。恢复嗓子后我又参加了学校的十佳青年歌手比赛，得了冠军。”

“后来，我参加的比赛越来越多，一直顺顺利利。到了毕业的时候，我已经能买一套房子了，当时我就和女朋友领证结婚了。”

讲了这么些，他已经没有什么心情再讲下去。一直大口大口地喝着酒，我见他这样，也明白这之后生活可能并不愉快。

果然，他讲结婚后的生活过得并不舒适。虽然参加了比赛，却没有公司找他签约，直到有一家公司来找他，却需要交押金。他把全部身家都交了出去，再拿着合同去找那家公司时，才发现公司早已人去楼空。

与此同时，恩师重病在身，急需一大笔医药费，他根本拿不出那么多钱，只能将房子卖掉。但这些并没有改变什么，恩师又增郁疾，最终离开了他们。

失去了父亲的妻子，面对着事业不如意的丈夫，再也没有了陪伴下去的信心，提出了离婚。他答应了，因为他知道凭自己的能力根本不能给妻子一个安稳的生活。他给了妻子一半的财产，自己拿着另一半财产开了一家琴行，做自己的音乐。

慢慢地，他在民谣圈子里有了些名气，但他并不像以前那么光鲜，潦倒的模样让人见了都觉得心酸。

后来，他自费出了一张自己的专辑，在圈子里慢慢热卖。他拿着这些钱继续做音乐，并拿给自己的父母，同时每个月还给师母一部分的生活费。

日子磕磕碰碰，只是将将就就在过罢了。

喝完酒，我和他都醉得不成样子，而我的意识尚还清醒，他却已经烂醉如泥。他眯着眼睛问我：“你知道我这一辈子，最快乐的是什么时候吗？”

我摇头，表示自己不知道。他说：“是现在。没有压力随心所欲地做自己想做的事情，虽然日子依旧过得有些苦，我却乐在其中。”

我恍然大悟，每个人不都是这样么，哪里有谁的一生注定平坦光辉、一点波折也没有呢？但是，我们真的要特别在意那不如意的十之八九吗？即使那是我们人生中的一部分，即使它常常让我们生不如死，让我们失去理想。

但我们真的要这么在意它吗？有必要把它挂在自己胸膛前，告诉世人，我那不如意的事情，到底有多惨？

我想，人生的意义，绝不是如此。即使摔倒，即使有过许多使人心痛懊悔的事情，失去的东西不会再回来，机会也不会随时等着我们。

明天能够拥有什么我们真的无法预料，但如果在这一刻放开心态做好自己，明天就一定能拥有美好。

何必去在乎那痛苦的十之八九。毕竟，你的快乐才是在乎你的人、爱着你的人最希望你拥有的，也是你应该在意的。

不用对你的人生产生气馁，正如有人羡慕你的人生。

外面的世界很精彩，外面的世界很无奈。我们甘愿当一只坐井观天的青蛙，在一成不变的生活里消耗时间吗？

时间从来不怕被浪费，也从来不会被浪费，因为你能消耗的，只是你自己的青春。

2008 年夏天，我在丽江一家酒吧当歌手时接到了三羊的电话，电话那头他的声音显得很疲惫。我从来没有想过那样倔强的三羊也会有这么虚弱的时候，那时他只对我说了一句话：“你别担心，我过得很好。”

那时我已在丽江定居两年了，有一个温柔善良的女朋友，我知道三羊在北京，是一个名符其实的北漂青年，我没有打算去找他。毕竟，我和三羊，有着不一样的梦想。但那一通电话，却彻底改变了我的想法。

二十多年前，我和三羊的家都是在南方一个偏僻山村里。我家祖辈务农，除了我爷爷是一个民间川剧演员，我们这一家子，没有谁有多少艺术细胞。而三羊比我还不如，他是一个遗腹子。他母亲在怀着他的时候，父亲骑着摩托车去给人送货，从山路上滚了下去，从此就再也没有爬起来过。

三羊母亲一个人把三羊拉扯大，三羊家和我家的院子隔着三里地，我俩出生相差不过两天。我母亲说，那时春意盎然，院子外喜鹊一直在叫，漫山山樱花绯正浓。那之前许多年和那之后的许多年，山樱花从来没有那么绚烂过。

高考的时候我选了一个三本大学，而三羊彻底放弃了学业，选择到外地打工，我俩自此联系减少。当我接到三羊那通电话时，我已经五六年没有见到过三羊了。

所以当时我就下定决心要去北京找三羊。辞了酒吧里的工作，我告诉女朋友，我要去北京，最多去一个月就回来。我女朋友更喜欢丽江的安定，所以并没有和我一起去，她说：“你去吧，我在这里等你。”

到北京的时候，三羊来火车站接我。他与我记忆中的三羊不太一样了。记忆中最后一次见三羊，是我大一开学之前，那时的三羊一身棉背心、棉麻短裤打扮，脚下踏着一双半旧的人字拖鞋。他不爱说话，唱歌却出奇的好听，嗓子略沙哑，沧桑又性感。

那时他和我躺在山樱树下，山樱花期已过，盛夏之时，山樱树在蓝天之下格外好看。三羊歪过头对我说：“牙子，你得好好读书，以后闯出个名堂，走出这大山。”

我躺在他身旁，静静看着山樱树桠中透出来的蔚蓝天空，咧嘴说着大话：“那是，到时候我们看谁最先娶到媳妇。”

三羊闭唇不语，他寸头上挂着的汗珠在阳光下闪烁。从那以后，我就再也没有见到过三羊。

我以为三羊在北京或许混得不错，不然，也不会打电话给我说那句话。然而当我真正看见三羊时，我一下子又觉得似乎来错了。

三羊一身纯白 T 恤外加短裤，一双旧得不能再旧的球鞋，他早已没有少年时的青涩。这一身装扮让身为同龄人的我看起来怪怪的，却也说不出怪在哪里。他笑容拘谨，在见到我时分明有些不自在，或许是多年未见。不过好歹是从小一起长大的玩伴，随即他就拥抱住我，对我说：“欢迎你，牙子。”

三羊住的地方在首都的城中村里，不大的胡同挤满了像他一样的外地来客，我提着行李跟在他身后晃晃悠悠地走着。他一见我这样，一把将我的行李扛到了肩上，把我带到了他的出租房内。房里只有一张床和一个柜子，其他多余的家具一件都没有，墙壁的石灰脱落了许多，看起来像张牙舞爪的怪物，让人觉得极不舒服。

早知三羊落魄至此，我还不如老老实实地待在丽江，过自己的小日子。当时我失望极了，又不能埋怨三羊，毕竟这次，也不是三羊逼着我来北京的。大概看出我对环境的排斥，晚上，三羊带着我去一个路边摊吃烧烤，一边吃，一边讲他这些年的经历。

早些年，才出来的时候，只有高中文凭的三羊在工地上班，每天帮人搬砖，一天三十元钱。一天下来全身酸痛，瘫软无力。后来他觉得这样干苦力没有出路，所以用仅存的一点钱，买了一把二手吉他，在旧书市场淘到两本吉他入门书开始自学。

夜深人静时，别的工友都已经鼾声如雷，只有三羊，抱着自己的那把吉他到离工地不远的山坡练习。

在工地上干了大半年，三羊去了青海，那里高原反应特别厉害。他一开始只是待在西宁零零散散地打工，没有事的时候，就在打工的地方抱着吉他给其他工友唱歌，那样的生活只能图个温饱。不久后，他就带着自己那把吉他，去了可可西里，可是一到可可西里他就得了肺水肿，差点丧命。

可可西里有太多美好的东西，三羊喝啤酒的时候，眯着眼对我说：“那里的藏羚羊、牦牛还有一些你从来没见过的东西，只有在奔走中你才会明白，生命真的是丰富多彩。”

对于这话，我并不以为意。

从可可西里回来的三羊被家里母亲逼婚，本来就只有一个独子，再加上他母亲一直未再嫁，一心都扑在三羊身上，从来没有对象的三羊多少有些不孝的感觉。抱着吉他四处流浪的三羊并没有回家，他依旧选择漂泊，北京不是他的目的地，也绝对不是他的梦想。

在北京的最后一晚，我看着三羊坐在北京的地下通道唱歌，我抱着吉他，和他坐在一起。他唱歌的样子很认真，认真到和当年那个躺在山樱树下唱歌的三羊没有任何差别。

第二天我坐上回丽江的火车，因为我女朋友对我说：你如果再不回来，我就再也不需要你了。

日子似乎回到了见三羊之前的状态，我照例吃饭、喝酒、唱歌、睡觉，在浑浑噩噩中玩世不恭地做着自己的美梦。

2013 年夏天，我接到三羊电话，他情绪很激动，即使隔着电话我也能感受到他的高兴。他说：“我要结婚了，和我心爱的姑娘。”

我一愣，这之前我可从来都没有听说过他的感情生活。

三羊说："你走以后，我又去了西宁，在以前住的地方停留了下来。你知道吗，几年前有个女孩儿让我等她，我去的时候，她一眼就认出了我，她说，你怎么现在才来。"

我开始有点羡慕三羊，当三羊问起我女朋友的时候，我很惭愧地告诉他："嗯，她走了，当我从北京回来的时候。"

三羊并没有举行婚礼，他带着他的新娘一起流浪，他说，天下之大，我有一把吉他，还有一双手，我可以让她吃饱穿暖。

当他们来丽江时，是我接待的他们。

三羊和我一起坐在台上唱歌，他的妻子坐在台下安静地听着，一脸幸福模样。他的妻子温软极了，模样贤淑，举止得体。

当我问她为什么要跟三羊在一起的时候，她眉眼一弯，很笃定地说："因为三羊说过，他虽然没有钱，但是会带着心爱的姑娘环游世界。"

三羊真是一个大浪漫家，我想，在那年山樱树下起，他就是了。他说的对，生命真的是丰富多彩。所幸三羊离开了那片山樱开放的山村，从此看到更多的美景，去过更多的城镇。

所有的梦想不会从一开始就已经注定，你能走多远，就能看到多美的风景，愿你不会为生活绞尽脑汁，愿你大步向前勇敢奔跑。

丢掉所有拖延你脚步的藤蔓，只有无所畏惧方能无悔无憾。

赤脚行走沙漠，好过脚上缠着一对枷锁

如果让你选择，一是让你自由自在地行走在沙漠，虽脚下无敝履，却可以随心所欲。二是脚裸套上一对枷锁，在闹市中缓缓前行。

如果是你，你会选择哪一种呢。

第一种，没有人群，没有闹市，没有你想要的一切繁华美景。只有漫天黄沙，偶尔有海市蜃楼，或者绿洲一片。但若是你虔心行走，一定能走出沙漠。夜间星空碧蓝，你躺在广袤无垠的沙漠中，是自然与孤独的较量。

第二种，身在闹市，远离沙漠。这里有许多人，你夹在人群中间生活，与他们一起谈笑，但脚下枷锁永远不能打开，所以注定你的脚步不能放开，你也必须得承受这样异样的眼光，不然，就得承受比这更厉害更痛苦的煎熬。

这两种选择，是林子告诉我的。

在我的众多朋友中，林子是一个很温和的人，他从来都不发脾气，或许这和他有所信仰有关。他热爱画画，喜欢诗歌，以卖画写诗为生。他常常漂泊到各个城市，站在流浪老人的身边，一边给路人画速写，一边把画速写的钱送给流浪老人。

偶尔停息的时候，与众多朋友一起，喝茶写字，朗诵诗歌。日子过得随心所欲，外人看起来十分浪漫。

但却并非如此。

事实上，北漂的任何一个人，都不可能任性妄为地做任何事情。更何况，是一路北上的林子。

几年前他给我打电话的时候，他大学毕业，才到北京。本来可以在当地做一名美术老师，自己却不甘心，一路北上，想要谋个更好的出路，却还得靠摆摊卖画为生。

我当时沉默了，因为我知道，这一行没有表面上看起来的光鲜。其中许多不为人知的辛酸和痛苦只能自己去扛，外人无非是将你作为茶余饭后的几许谈资。越是表演得泣不成声，越是让人感觉看了场好戏。

而对一些知心的朋友，又有谁愿意让他们担心呢？

一路颠簸，我看着他流浪在一个又一个城市之间，最后又回归北京，看着他头发长长短短变个不停，却不再是那个青涩懵懂的少年模样。

任他日明月西风皆变凉，不再见少年郎。

林子一路走一路拼搏，虽走在沙漠，却始终相信有朝一日终有绿洲在前。

大概是一年前的样子，林子的画在北京的某个展览馆里展出，那个时候他很兴奋地给我打来电话，语气里竟然有点哽咽。

这么多年，在北京摆过地摊，游走在大街小巷，背负着理想往不同方向行走，多多少少都有想停顿的时候。

却始终不曾放弃。

我在他的画展览之前赶到北京，他面容消瘦许多，却依然神采奕奕，眉目间洋溢着光彩。我在展馆里与他相遇，他一看见我，竟然眼眶一红，差点哭了出来，我走过去轻轻拥抱他。

太多话都说不出来，在这一刻，均为无声。

那次展览后我在北京停留了几日，和林子一起。林子初来北京的时候，暂时歇脚的地方就只能在三环外。这么多年，他也习惯了，而现在，他住在北京宋庄，那个艺术家聚集的地方。

我不知林子是有着什么样的心情，但是我能看得出，一直默不出声安静画画写诗的林子，其实等待这一刻已经等很久了。

半年后，我在外地出差，听到林子新书出版的消息，那是林子第一本诗画集。我虽然不知它能否大卖，但我知道这个年轻人，靠着自己的努力走过荒漠，朝着绿洲渐渐靠近。

我给他打电话，我说："我把地址给你，你的银行卡号给我，我买几本书。"

林子答应下来，待我将地址给他，却见他发来一条短信："能够想到我就已经很好了，我送你一本，希望我们都能一如既往。"

这个时候的林子过得也不怎么顺心，办过画展，住在宋庄，却也焦虑着书怎么销售的问题，喜欢买诗画集的人本就不多，我见他如此，唯有叹息。

过了几天，我收到了林子的诗画集，还有当年他初到北京给我画的画像，那一瞬间我突然很感动。

看着他的字在扉页留有墨香，不禁眼眶一红，替他高兴。

前几天我去北京出差，去了一趟宋庄，恰巧他也在那里。他留我住了两日，他的庭院破破烂烂，他在庭院里种满了花花草草，并养了只白色的哈巴狗，和一群出色的画家一起，白天一同饮茶，晚上一起喝酒。

好像忘记这繁华都市的忧愁不安，在那里，一切是远离尘嚣的快慰和安然。

可是世事并非如此简单。

当初的林子选择放弃美术老师的工作，一路北上，就相当于选择放弃了有温饱有安定却套上枷锁的生活。

我不知他是否曾经后悔过，后悔不曾留在那一方小城。在城市里朝九晚五工作，背着画板只为教育，待到工作疲惫之后，回家还能有一顿热腾腾的晚饭，不必为了生活而操太多心。

不知他是否后悔，留在这样一个大城市，看不见未来到底有多远，不知道多久是尽头，只有不知疲惫地奔跑，与同是沙洲中的人惺惺相惜，互相鼓励。

我知道，留在小城的林子将来一定会后悔没有去过沙漠，会后悔自己未曾打破脚下的枷锁，更会后悔日复一日的生活让自己变得不再年轻，渐渐麻木。没有梦想，只有酸苦。

我知道，行走在沙漠中的林子虽然受到风吹雨打，却也看见了另一番景色，这是旁人所不能遇见的。

有多少人，因为父母不忍心的劝告，开始认命地选择留在平凡安定的小城。有多少人也和林子一样，明明踌躇满志却甘心停顿。

生活并不残忍。

残忍的是我们不肯相信自己。

不肯相信自己能穿越沙漠，找到绿洲。不肯相信自己能一路坚持，能咬牙忍受风吹雨打的各种风险。

用这些理由来让自己心安理得地放弃，才是致命的懒惰。

回来的头一天晚上，我和林子两个人坐在他的房间里喝酒，推开窗，外边田野开阔，夜空璀璨。

偶有蛙叫虫鸣，夜风习习，催人入梦。

我们各自饮着一瓶酒，他讲着这么多年的心酸与成就，滔滔不绝，脸颊泛着酒后的红。

他说，到了一定时候，他也会遇见一个好姑娘，两人结婚生子，并且拥有自己的生活，自己的家庭。

到那时，他也不会放弃现在的路程，他只会告诉自己的子孙，沙漠里虽然艰辛，却有许多闹市所没有的美景。

如果不惧怕，那就尝试一下。

不然，世人哪能知道沙漠中有着什么，又心怀畏惧呢。

我沉默，笑着和他对饮，不远处田野边一群年轻人，围着一团篝火，抱着吉他在田边唱歌。歌声不见得多动人。却依然让人恍惚。

“在很久很久以前

你拥有我我拥有你

在很久很久以前

你离开我去远空翱翔

外面的世界很精彩

外面的世界很无奈

当你觉得外面的世界很精彩

我会在这里衷心的祝福你”

男男女女的歌声飘荡在田野上空，篝火映着他们的身影，看不清他们的表情，但可以从歌声里听出愉悦和轻松。

林子和我不自觉跟着那歌声一起哼唱：“每当夕阳西沉的时候，我总是在这里盼望你，天空中虽然飘着雨，我依然等待你的归期……”

我知道，这个世界很大。生活很难。

我知道，人有时背负脚镣确实是无力而为。

我知道，生活的无奈和波折大多数人都要尝试。

但是，若你一生为枷锁所困，到老时，会不会有一丝后悔，后悔当时你竟然没有自由地奔跑过？

用心带着勇气，在沙漠里，你迟早会找到，那片绿洲。

就算你拔光仙人掌的刺，它也依然是仙人掌

何时何地事物本身都不会随着外界影响而改变本质，即使内心有所改变，那也无法改变它拥有独有特质的事实。

水仙不会因为外界评价它像大蒜就真的成了大蒜，白天鹅也不会因为外界评价它像大白鸭就真的成了大白鸭。即使孔雀被拔光羽毛，它依然是孔雀，即使金子被埋没在土中，它依然还是金子。

而身在沙漠中的仙人掌，纵然是被拔光了浑身的刺，它依然还是生活在沙漠中无所畏惧的仙人掌。

所以，任人改变，并不是一件容易的事情。

C城与其他城市并不相同，它拥有自己的特色。这个城市，一到樱花绽放的时节，道路两旁都是纷飞的樱花，所以一到这个季节，便有了许多前来的游人，来欣赏这落英缤纷的姿态。

易秋宁并不在乎樱花多久绽放，也并不在乎它到底能开几时，他只在乎在樱花开放时，来的旅人有多少，到底会不会让家里大赚一笔。

他家里做着小本生意，母亲的工作是推着小车子，在公园里卖一些冷饮。若是夏天，公园的人便多了一些，但极少有人来买这些冷饮，因为它的价格，是外面便利店的两倍。

然而，能够在公园里卖东西，每个月都需要交纳一定的费用，这些费用比之外面便利店更甚。有时天道不好，连处躲雨的地儿都难找，但是，这个工作却被母亲一直坚持了下来。

樱花开放时，还未曾到炎热时候，母亲就顺带卖些小吃，如烤好的火腿和玉米，这样简单的工作让他觉得生活无奈极了，无奈得像夏季说来就来的大雨，任谁也叫不了停。

父亲早逝，他与母亲变成了相互依靠取暖的两人，他疼惜母亲，更愿日后能争气一些，好让母亲过上安稳日子。

樱花开时，遇上节假日，游人就更多，几乎像密封好的沙丁鱼罐头，留不下一点喘息的空隙。易秋宁正读高中，心无旁骛地努力学习，却被同学误认为高傲不平易近人。想来，他们热爱的那些，易秋宁都是热爱不起的。

去看演唱会，去游乐园玩，去KTV，去电玩城，这些本该是青春年华该享受的东西。易秋宁却无法享受，他不能忍受自己用母亲辛苦挣来的钱去挥霍。自然也就与这个大集体格格不入。

在没有发现易秋宁的母亲在公园卖冷饮之前，大家对易秋宁的态度多少还有些敬畏。他成绩好，待人说话也很礼貌客套，不过只是不和别人亲近罢了。正因这种冷漠，大家都有些警戒。可是，不知是恶语插了翅膀，还是他平日里不受人喜欢太多。那些腥臭让人难以接受的话语就像一颗颗不定时的炸弹，经常将易秋宁包围在一个圈子里，让他一个人孤独地、毫无希望地存在着。

他没有朋友，应该说，他交不起朋友。

他在这条路上茕茕孑立形单影只。到了学校选取贫困生资助的时候，名单上也有他的名字，可是那些原本激烈的话越加疯狂，甚至有人跳到他桌子上调笑：“易秋宁，你妈卖那么贵的饮料和水，你怎么还是个贫困生啊？”

他不语，他懒得与这些人计较，但那些人的嘲讽就像野草一般肆意生长，甚至有人跑到班主任老师那里抗议，提议取消易秋宁的贫困资助申请。这件事被他知道后，他也并无太多反应。

大多数人都想看他发怒的样子，生气的样子，因为他永远都木着一张脸，不会生气，更不会笑。

他们也不明白惹怒他的意义是什么。有几个心善的同学，也不敢帮他出头。

易秋宁已经忘记了高中三年是如何度过，他只记得那些做不完的试卷和课外试题，还有母亲的小摊子。

他被保送到北京一所名校，那些曾经带着不怀好意心思来招惹他的人，纷纷转换了脸色，有羡慕，有厌恶，也有最初那般的藐视。

一边读书一边勤工俭学，他很快就找到了一份兼职，在一户美国家庭当家教，主要是教那个九岁的孩子学中文。

他这般木头脸，并不惹人喜欢，所以每次上课他都会花上一些心思，给那个孩子带一些小玩意，比如手编的竹篾动物，小时候玩的五花八门的游戏。慢慢地，孩子也渐渐开始期待他每次的到来。

这份兼职工资很高，而他在学校的学费是全免的，他只需争取生活费和每月给母亲寄的费用，就已经足够，然而这并不能满足他的野心。

往往午夜梦回时，曾经那些尖酸刻薄的脸就像电影回放一样，一遍一遍出现在他的脑海中无法抹去，也无法定格，像是失了控制的遥控器，让他难以掌控。

他开始尝试着在不做家教的日子里做些其他的事情，他开始被导师提携一起做实验，完成一些研讨工作。双修经济学，成绩从未让人失望过。

除此，他开了一家由自己经营的网店，专门在校内开展快餐代购。一般有人需要吃什么，他往往都是骑着小自行车，给买家买回来，然后得几元钱的送餐费。他的店很火，因为他从不会送错一个单，累积下来的好评让网店声誉越来越高，也让他挣得了不少钱。

但是，又有一点让人苦恼，如果自己去兼职或是做实验，那这些事情该怎么办呢？他随即策划了一个小团队，招募贫寒子弟，与自己一起进行创业。他的招募在网店首页就能看见，一开始并没有人心动，但是过了两天，就有几个人断断续续地联系他。

他制作了一个很合理的工作安排表，按着每个人的时间进行调配。这送餐费有百分之九十是给送餐人员的，他只拿百分之十，因为他提供自行车和平台。

大学四年下来，他早已有了自己的金库，眼看着要毕业了。他实习后，并未听从导师劝导继续留校，而是开始自己的创业生涯。

他继续经营着网店，只不过校内送餐的这部分由他团队里的一位学弟开始打理。而他在学校外面开了一家快餐店，不做油炸食品，专做传统小吃。

为此，他将老家的母亲请了过来，让母亲当师傅，教自己手艺，他在网店上宣传，又加之校内人脉广，很快，这家以传统小吃为主的快餐店就吸引了周边大学生的目光。

三个月后，他的快餐店进入正轨，没有了顾虑，也没有一点差池，他又趁着兴致，开起了第二家店。第二家店在另一高校旁边，他选了很久的铺面，终于搞定。

三年后，他已经有了四家分店。

他的舍友还不明白他当时为什么要选修经济学，在听闻他这一传奇般的经历后，他们都恍然大悟。

而他也在北京安定下来，实现了多年前的愿望，让母亲不再受苦，尽自己所能，让母亲的生活变得更好。

高中同学聚会，他并没有参加，一群同学讨论他现在的风风火火，还有人羡慕他的好运，这些话不知怎么传到他耳里，他却不置可否。

要做的事情实在是太多了，他哪里有时间去理会这些有着闲情逸致的人。

有的人，生来就生长在温室里，无风无浪安逸舒服，所以不曾想过待在沙漠里的人是怎样生存的。他们疯狂嘲笑沙漠里的仙人掌不曾待过他们的温室，他们嘲笑他贫穷卑微。

可是他们却忘了，没有谁能一辈子待在温室里，也没有谁能一辈子始终都在开花。

仙人掌就算被拔光了刺，离开了沙漠，也没有任何关系。既然能忍受残酷的沙漠，又有什么恶劣的环境，能难倒他呢？

真心相爱的两个人，心房就是最好住所

你有没有试过跟喜欢的人吵到不可开交的时候，说话也不经过大脑思考，话语如利箭，伤人无形。而一切的源头是由于谁做饭，谁洗碗，谁挣钱多，谁付出少这些令人无奈的话题。这种时候往往就忘记了当初对彼此的誓言——可以为了对方做任何事，只要能在一起。在之后繁琐的日常生活里，在没有车没有房的困窘日子里，开始为了柴米油盐的生活天天争吵。

不知跟你讲了这个真实故事，你会不会懂得宽容，懂得互相体谅。毕竟百年才修得同船渡，千年才修得共枕眠。

袁松和晓萍均生于1966年，1976年文革刚刚结束，十岁的他们得以上学求知。他们一共念了六年的书，做了六年的同学，之后没有继续下去。因为幼年丧母的晓萍要进厂做工贴补家计，而袁松为了他的梦想要北上。懵懂的两人只觉得对彼此都十分不舍，却不知那份感情叫做喜欢。

晓萍发现在袁松离开后，自己常常想念他。曾经他们一起学习，一起去煨番薯，一起冬夜取暖。早早恋爱的闺蜜跟她说，她肯定是喜欢上袁松了，她才恍然大悟。她一生中最大的勇气都赌在了那里，她不能对这份感情坐以待毙。于是她问闺蜜借了一些钱，收拾了几套衣服就北上找他。万幸的是，没有经过任何语言的诠释，他们便心照不宣理所当然地在一起了。

她说："那年北京下了一场大雪。我坐了几天几夜的火车，到那里看他时，已经冻坏了左脚，他因事迟了几个小时才接到我。他远远看见我就跑了过来，皑皑的白雪没到小腿。他握了握我的手想说什么最后却还是没有说，接着半蹲着身子让我伏上去。我看着他瘦削的肩，眼睛一下子热了。那时候社会的思想还是挺封建的，未婚男女不能有亲密行为，所以我小心翼翼地趴着不敢碰到他的背，心里却想无限地亲近他，觉得一阵一阵的欢喜。就在那天，我们的心才真正地在一起。"

在北京那段时间是晓萍最快乐的日子。袁松白天上班，晚上就陪她出去逛灯火通明的北京城。那时候没有手机，不像现在可以到处合影留念。晓萍唯有很努力很努力地记住他们一起走过的每一条路，吃过的每一种小吃，看过的每一样风景。虽然挤在二十平方米的铁皮屋里，连上厕所都要去隔壁的筒子楼。不过一切的憋屈都被清晨的鸡蛋面驱散，被照进来的三竿日头所温暖，被夜里入眠的拥抱所融化。

在过得最穷的时候，他们全身上下剩九块钱，袁松去大排档给人端菜洗碗两个小时挣了二十块钱，这样他们一共有二十九块钱。袁松带她去看了五块钱的电影，年代久远已记不清片名，只记得那是一部爱情片。看到最后，晓萍哭得稀里哗啦，而他在身旁呼呼大睡。他的头轻轻垂在她的肩上，不敢全部压下去，怕她觉得重。看完电影后，一起吃了云吞面，剩下的钱刚好够两人搭公交车回家。

有情的确可以饮水饱。

然而好景不长，晓萍回到老家还是逃脱不了现实的桎梏。老爹听说她和袁松的事后，拿藤子打了她一顿，还给她安排了相亲。听说对方长相斯文，家境丰厚，最重要的是可以替她家还债。她死活不肯，要离家出走却被老爹抓了回来。以死相逼，却被绑了手脚锁在房间里。她日日夜夜不停地挠门，十指抠出了斑斑血迹，叫老爹开门喊得声嘶力竭。可是醉酒的老爹一贯地无动于衷。就在她要上花轿嫁作他人妇，就在她以为失去所有希望时，袁松回来了，并且是衣锦还乡。她不知道他去哪里弄来那么多钱，替老爹还了债，还带了一大堆彩礼过来提亲。

晓萍看着衣冠整齐的袁松觉得有点陌生，他摸着她伤痕累累的手，堂堂七尺男儿顿时红了眼眶。不管以后如何，眼下他们终于可以在一起了。

晓萍长得不高，在少女时体重更是轻得可怜，袁松的母亲不喜欢她。在他们最风光的那段时间里，他带她去见家长，晓萍唯唯诺诺地躲在袁松身后，她悄悄拽着他的衣角，葱白的十指硬生生绞得发青，腼腆喊了一声“阿姨好”。袁母上下打量着她，那目光带着刺，晓萍感到有些不舒服，她长这么大还没被人这样盯过。袁母嫌她个子太小，她说：“进我们家的门是要干活才有吃的的。”晓萍咬着嘴唇不说话，他的母亲如此不待见她。这时袁松厚实的手掌将她的手拉了上来，拉到并肩的位置，他说：“我娶她就是不让她干活的，母亲你别为难她。”

晓萍讲到这里笑得像朵花，老实巴交的袁松不会说情话，却总在无意中给她最甜的糖果。

可惜上天总爱给人一箩又一箩的空欢喜，就在他们即将成婚前一个月，袁松投资的房地产倒闭了。这桩失败的工程，将他的钱全部榨光了。他一无所有，这样，怎么娶得了她。要她跟着他受苦，还真是做不到，所以他悔婚了。

那是他们吵过最大的一场架。袁松开始变得颓废，抽烟酗酒，无所作为，俨然成了一个废人。晓萍接到退婚书后去了他家，找不到人，最后在他们的老地方看见他躺在木桌子上。她摸着他身下入木三分的两个名字，开始流泪。她哽咽道："老袁，你还要不要我？"袁松听到这句话时鼻息瞬间加重，但还是不说话。因为难以做决定，他舍不得她，却又不得不舍弃她。跟着一无所有的自己，怎么可能幸福呢？

晓萍看着他这副样子很难过，又很生气，她一把摔掉了酒瓶子，她的心也跟着噼里啪啦碎了一地："我们经过那么多的磨难好不容易能在一起了，你为什么又要亲手毁了它？你给我的幸福怎么这么容易就收回去？你怎么能这样对我？"

"不！不是我毁掉的。是老天爷，是这不开眼的老天爷啊！我一无所有，你跟着我是不会幸福的！"他说到后面已是嚎啕大哭。晓萍抱住袁松，她说："你不要我，我就去死，你知道我说到做到的。"晓萍拿着玻璃碎片，手上的血触目惊心。他飞快地跑上来打掉她手里的东西，紧紧抱住她，恨不得将她揉进血肉里。她微微笑着说："还记得二十九块钱的生活吗？我觉得挺好的。"

接着他们就有了第一个孩子，是袁松很喜欢的女儿。他欢天喜地地抱着刚满月大的女儿出去看电影。这个孩子长大后就爱上了写故事，于是就有了晓萍和袁松的故事。

他们虽然没有盛大的婚礼，没有隆重的酒席，他也没有给过她每个少女都梦寐以求的结婚宣言，但是他们之间质朴的感情早已跟对方做出了回答，甚至远远超过庄严的誓言。

“无论贫穷还是富贵，无论健康还是疾病，你们是否愿意一生相互扶持，爱护对方？”

愿不愿意，要用一生作回答。

两个人走下去必然有柴米油盐的争吵，必然有来自四面八方的压力和无奈，当初以为这些琐碎的生活是折磨，到后来你就会明白这是上天莫大的恩赐。因为最深最重的感情，必定与时日一起成长。而真心相爱的两个人，心房就是最好住所。

她现在人到中年已经微微发福，有了一半白发和小肚腩，当初身姿曼妙的少女已经成了皮肤松弛的妇女。而他还是四十而立的模样，丝毫不显老。前些天，她咬咬牙花钱做了一个头发，他笑她是酒红色的小卷毛。却在买来早餐给她的时候偷偷亲了她的脸。听她说这件事的时候，我还不懂是什么意思，之后我有了男朋友才领悟到这其中的滋味。

第 05 章

你的孤独咎由自取，我的荣光不曾别离

有信心不一定成功，好过没信心一定不会成功

许多忐忑不安的事情，在一开始不一定就会有答案。而当你剥丝抽茧，将它丝丝缕缕的迷惘编织成册，往往在最后一刻，你想要的答案就会浮出水面。

所以，不用着急你现今遇见的所有茫然，也不要对这之后任何一天丧失信心。**生活中最美好的事情并非拥有多少不可告人的惊喜。而是当你走下去时，一路都饱含深情。并有值得你欣喜的回报，等待着你。**

你要知，这世间所有苦痛与磨难总会在它应当消失的时候，

消失得一干二净。

林霄每天下班后都会经过街角咖啡屋，那里的咖啡屋老板很容易辨认面目。山羊胡，总是戴着毛线帽，连夏季亦是如此，一笑起来眼睛就眯成了一条缝，穿干净的衬衫，围着围裙烘焙蛋糕，一副邻家大哥的样子。

每天下午五点半，林霄都会进咖啡屋买一块黑森林蛋糕，有时会是巧克力，有时会是芒果班戟。总之，店里有新鲜的甜品，她都会买上一份，有时会加上一杯咖啡。

但林霄并不太爱喝咖啡。所以每次她都会给老板提议卖些奶茶。老板答应，却总是迟迟不肯上新品。

但林霄已然很满足，在这种竞争激烈的一线城市，林霄过得很自在。

她在一家精品店工作，那里有各种精美饰品。有时候她也会做一些摆在那里卖，经常会有小女生来询问她到底什么时候又出新。

精品店老板很安心地将店交给林霄，其他不说，自林霄看管店以后，生意好了许多。再加上林霄容貌清丽，总是笑眯眯地说话，为人温柔也不多事，眼光又不错，所以她在精品店上班后，老板给她加了两次工资。

林霄一个人住在老板安排的宿舍里，说是宿舍，不过是林霄一个人住的单人公寓。林霄很满意，房子是老板早年购置，林霄每个月只用给水电费就够了。所以一个人的生活，虽然过得有些孤独，却还算顺利。

每个周末精品店老板都会来店里视察，也会在店内停留一天。所以周末这天林霄只用交接好工作，就可以拥有一段自己的休息时间。往往在这种时候，她都会溜去咖啡屋。

咖啡屋的墙纸一直都没有变动过，只是偶尔会有不同的画作出现在上面。老板是一个喜欢随时更新的人，总按着自己喜好来布置。

林霄一般都会在咖啡屋坐上一个下午。

带上一本从租书店里借来的书，她喜欢看的书有很多，比如加西亚·马尔克斯的小说，有时也看侦探集，还有的时候读张爱玲或者三毛。总选一个靠窗能晒着太阳的位置，喝着咖啡，吃着甜点，一看一个下午。

山羊胡老板就会忙自己的事情，有时候和林霄聊两句，有时磨完咖啡豆，烘焙完蛋糕，也坐下来看一会儿书。

林霄不会问他看的什么，也从来没有兴趣过问。但她知道，那一定很精彩，否则也不会让一个像艺术家的咖啡屋老板这么喜欢。

年末的时候，林霄收拾行李回了老家，家乡在南方，那里水土温润，养出来的人也显得温润如玉。她选好给家人的礼物，又思考了很久，才决定给自己买一套新衣。

林霄从来不会亏待自己的穿着，哪怕是没有钱也得买上好衣服。一个人的穿着就能看出这个人的生活作风。因此，她的衣服常常穿几年了都还像新的一样，因为她总能把那些衣服搭配得很时尚，又或者说，她只会买经典款的衣服来搭配。

回到小城，父母对她为自己买礼物又是欣喜又是埋怨。心疼她挣了一年的钱，尽拿来为家里添置东西。林霄却心满意足，在家里的日子往往是最舒适也是最安然的，只是父母不断催促她找男朋友，让她有些忧愁。

林霄大学只读了两年，学的是珠宝设计，那一年家中变故，父亲赌博将房子都卖了。她只能休学回家，四处工作挣钱。那段时间，她像一只断了线的风筝，随时都会飞得很远似的。

虽然有设计方面的天赋，但她却不能再继续读下去，那时母亲因为父亲的过错，生了一场大病。在赚钱养家的同时，她还得照顾母亲，医院出租房两头跑。那个时候父亲有了轻生的念头，被她及时发现，她怎么会不了解父亲心中的想法。

翻出一瓶安眠药的时候，她抱住父亲痛哭。告诉他，所有的困难都会过去，所有命运安排的坎坷不会一直停顿在这里，如果父亲真的走了，那么这个家的担子，就真的只有她一个人扛了。

经她又哭又劝，她父亲终于打消了这个念头。戒赌找工作，踏实地干了两年，一点点还着赌债，最后做起了小本生意。他原来就是一个生意人，不然也不会答应林霄去学不知未来的珠宝设计。

但当这一切都不如起初预料时，他才知是自己害了女儿。

林霄从未有过半点怨言，当家里情况有了好转之后，义无反顾地选择去上海。

到上海安顿下来后，林霄一边自学设计，一边工作，想要在这座城市站稳脚跟，就必须要安顿好生活才行。林霄做到了，比任何一个孤苦无依初到大城市的女孩都做得要好。

年末前，有一个全国珠宝设计大赛，林霄偷偷瞒着老板和父母参加了比赛。她每个周末都会去咖啡屋看书，有时候灵感一现，就会拿起笔在随身带的小画本上涂鸦。

参赛的结果要等年后春天才知道，林霄原本没有抱着什么希望，但她觉得如果不去试一试，或许自己今后会后悔。怎么个后悔法她不知道，她只知道一定不能错过这次机会。

过完年后，林霄回到了精品店，一边帮店里做饰品，一边平静地等待着大赛结果。虽然她并不是把所有希望都放在大赛上面，但万事有着信心和希望去做，好像并没什么坏处。

只有这次失败了，她才能另寻道路。

时间过得很快，三月很快到来，上海的春天悄然来临，而林霄的春天，却不知是否能如她所愿般地到来。

在大赛结果渐渐逼近的日子，林霄的心总是惴惴不安，在得知比赛的事情后，她反复研究国内外珠宝设计。自学课程对她帮助很大，这么多年，即使是自大学退学后的林霄，也有了自己获取知识的途径。

当她再一次去咖啡屋的时候，终于有了奶茶。她点了一杯奶茶坐了一下午，那一天正好是周末。

她还不敢去上电脑看电邮，害怕看见的消息会让自己失望。可当她快把奶茶喝完时，接到了一个电话。

是本次大赛的组委，通知她在多少日之前赶到大厦领奖，对方在电话那头很高兴，言语也很激动地说："我们看了林小姐的作品，也看了林小姐的资料，知道您是因为家事辍学，这么些年，也通过自学有了一定成绩。本来我们公司面试条件是有限制的，但这次林小姐作品获得第一名，所以想请林小姐有时间，有意愿的话，请来我们公司面试一下。"

林霄当场不能动弹，瘫坐在咖啡屋的木椅上，傻乎乎地问："你们，不会是骗子吧……"

对方在电话那头笑了笑，并未说太多，而林霄也似乎从未想到这天翻地覆的变化。

半个月后林霄去了那家著名的珠宝公司上班，她每个周末还是会来这家咖啡屋喝奶茶吃点心。

后来我参加我表哥婚礼的时候，问他为什么会非娶表嫂不可。表哥搂着表嫂，一脸幸福："我开这么久的咖啡店，只有你嫂子会每天来问我有没有奶茶。当然，有一种感觉，从一开始，就不会错。”

我打趣他，却看向新娘，一袭婚纱衬得她皮肤很白，她笑起来眼睛弯弯，很是温和，不愧是南方人。在知道她的故事后，我问她有没有想过成功为何会降临在她身上。

她想了想，很认真地对我说：“大概是因为我比其他人对梦想更有信心吧。”

我恍然，在这世上，有许多人许多事，并非一开始就已经注定。很多人想要成功，却站在路边畏首畏尾，不敢前行。

而有的人不惧风浪，昂首阔步，一路走一路唱，最后的景色是什么，也只有到了那里才能知道，不是吗？

勇敢向前走，你虽不知结局如何，但怀有信念，就总会拥有希望。

海风很好，沙滩很好，你所有的美梦，都会很好

没有走过千万里路，就只能看见窗外一片天地；未曾攀爬过一座顶峰，就只能拥挤在人潮人海；未曾亲眼见过广阔大海，就只能唏嘘一片江河；未曾做过一场美梦，就只能被现实打败。

有人穷极一生的愿望，别人轻而易举就能完成，有人不经意一次天赋展露，就能将别人一如既往的付出全然磨灭。这世上原本并无太多公平，它或多或少会使你优越或贫瘠，但当你还有能耐与力量去触碰你的愿望，并离它越来越近的时候，那就是最好的公平。

你所羡慕已久的美景，能有机会完成就已是美事一件。

芒果喜欢别人叫他芒果，他姓欧，但并不喜欢别人叫他欧老师，任教的时候凭着几分姿色，幽默搞笑的风格和舞蹈底子，有很多女生喜欢他。

一般上着课他就会来一段机械舞，自己随口伴奏，然后又规规矩矩坐下来讲课。虽然已经二十八岁，却还是令父母忧愁，再过两年便三十岁了，却连个女朋友也没有，这如何不让人着急？

芒果却一点儿也不急。

他教的是心理学，上完课合上书关掉PPT，一下子坐在讲台上，也不管下面坐着到底是多少个学生，聊天唱歌讲得津津有味。

有时候讲梦想，聊他曾经喜欢舞蹈，想要一直跳下去。现在却因为小腿受伤，不能再任性跳下去了。他讲他也喜欢哑剧，想成为一名哑剧演员，并想站在世界的舞台上，告诉他们，中国哑剧还有希望，还没死。

他讲完了会就着半凉的咖啡，随意丢一个道具在学生课桌上，扬手在课桌上重重一拍，表情夸张地说："现在我们来讲一讲，你们的梦想是什么？"然后手打着节拍，道具一个一个传下去，在他节拍停下时，课桌上有着道具的学生就需要站起来，告诉大家自己的梦想。

芒果听过很多人的梦想。

有的人想要成为一个踏踏实实为人民服务的教师；有的人想要自己创业，好好撑起自己的家；有的人想要一座大房子，有属于自己的私人空间；有的人，想要当歌手……

有时候他也不会要别人说梦想，他会问学生："说一说，让你们最感动的老师是谁？"

有的人说，小时候在学校犯病，当时联系不到家长，一个老师跑到他家里报信，班主任老师就背着她拼命往医院赶。有的人说，班上女孩子谈恋爱，怀了孩子，父母一气之下不愿多管，老师带着她打掉孩子，照顾了她几天，女孩说，打完孩子出来，身体虚弱得不行，老师看见她苍白的脸，偷偷抹眼泪。

他们讲的时候，有的人红了眼，有的人默不作声，有的人深深思考。芒果听着这些故事，上完了一节又一节心理课。

有时主任来检查，他就在一旁继续说着心理学的东西。有时候也索性不管，继续干自己的事情，此时主任就会坐在角落，安静地听完每一个故事，然后在所有故事落幕后悄然离开。

他们都愿意来上芒果的心理学，原本枯燥又无趣的心理学，在芒果的课上似乎就变得生动起来，像他的舞蹈、哑剧和那些听不完的故事一样，在彼此陪伴的日子里，越飞越高，越飘越远，最后到达了他想要去的地方。

芒果不再任教的时候，曾经选过他课的女生都哭得稀里哗啦，有人给他博客留言，试图让他留下来。他委婉地拒绝，并说出祝福的话，可是这并不能使人满意。有更多女生在他博客留言，甚至对他表白，在他拒绝后，那个女生站在学校的天台上企图自杀。

芒果依旧风轻云淡，一如既往地幽默健谈，喜欢舞蹈哑剧。但面对这样的事情，他不做任何积极回应，女孩当然没有事，谁不曾年少，以为那些自以为是的勇敢能撼动别人并换得希望，这是最笨的事情。

也是最不值当的事情。

不任教的时候，芒果就会在街头表演哑剧，每一次表演前都精心化妆编排。他的哑剧内容并不如传统哑剧诙谐搞笑，任何一个人见了他表演的哑剧，都会有所反思。

他通常会将人生、梦想和人性的东西加入他的哑剧里，一年后在一次电视表演上，他表演了自己编排的哑剧。

从一颗种子发芽成长，再到长成一朵鲜花，由少女采撷，再凭她丢弃，到她年老后，再遇见同样的鲜花，却不知为何捧花哭泣。

一场哑剧让在场所有嘉宾看得目不转睛，时间并不长，却让人陷入沉思。任谁也不曾想，一个阳光开朗的男人，竟然能将女人的肢体动作演得如此深入人心。

在这之前，不知他到底排练了多少次，对剧本每一个动作有过多少次修改，表情肢体的表现力，让观众深深折服……

此后，他的作品入围苏格兰国家剧院，他去韩国表演，他是第一个参加那场表演的中国人。往年，在那里的哑剧演员中，从来没有中国演员的身影……

除此之外，他也在全国各地到处表演，在各大校内演讲，推广哑剧艺术，并成立了自己的工作室。

他依旧在街头表演，有时表演太吸引人，连歌手也会停住脚步，看他表演完后才惊觉，待要走时，却早已被歌迷发现。

芒果依然做着自己的事情，完成自己的梦想。

他时不时会收到以前学生的留言，关切他生活过得如何。他会将自己走过的路程分享给大家，告诉他们，梦要继续做，踏实地做，疯狂地做，总有实现的可能。

芒果听过很多故事，走过很多路，不知是不是因为这个，他才会那么勇敢地去走下一步。他最大的成功并非名声多响，而是他坚持自己的艺术，把每一个作品都变成瑰宝，让人捧着珍惜。

有这般情义，又怎么会不走下去。

我曾采访过他，那时的他和现在一样，高高瘦瘦，并没有现在黑，单独聊天也会腼腆，并不像在大庭广众之下那么活泼。他聊了许多有关过往和今后的事情，我询问他成功的秘诀，他却很诧异地说："成功？其实我一直都没有觉得自己成功，因为人是一步一步往前走，没有人会止步不前，也没有人会甘于现状。所以我做的一切努力，都是想更好地走下去。”

我沉默许久，心里想，不愧曾经是心理学老师，讲出来的话永远一套一套的，让人听着还像那么一回事。

和他聊了一个下午，他慢慢地放松下来，话也多了起来。不知不觉，我们聊到了黄昏时候，他提议一起去吃顿饭，我笑着拒绝，我说：“艺术上的事情，我不忍心带到餐桌上，谢谢您今天接受我的采访。”

他礼貌握手，道别，与我分头走。我又一阵回味他给我讲过的话，这大概是我做采访以来，最轻松的一次采访了。

在这之后，我关注了他的博客，经常看见他外出表演，获得各种奖项。不知他会在这条路上走多久，用他的话说就是“何时疲惫何时休，对待梦想，我永远都不会疲惫。”

未曾见过大海方才以为海无天宽，未曾许过心愿方才以为永远不会实现。

未曾脚步踏实地走，未曾歌声洪亮地唱，或许才会以为这世上无路可走，无歌可唱。

一心一意只完成一件事情，你可以荒废在朋友圈、自拍、刷微博上面，你给别人点一个赞，再得到别人一个赞。

生命本就虚无，活出精致与质量，走过的路才能成为风景。

美梦很好，愿你成功。

如果你能让世界上所有人都喜欢你，你才有资格说讨厌自己

世上并未有一朵花与你一模一样，或许在同一个平行世界里，有着另一个你，但也并非完全相同。

至少你们相遇的可能性是极小的。从样貌、脾气、性格、内涵来看，这些都会成为你整体的标签，若是你一点点将它撕去，它或许会变得不重要，随即让你变得逐渐透明。可是，这些真的不重要吗？

这些不都是将你与他人明确区分开的说明书吗？

你可以将其中一些标签慢慢涂改美化，把坏脾气逐渐消磨，

一点一滴重新来过，好让旁人不曾觉察你原先那张标签的糟糕。

可是你不能任性妄为地将其逐一撕掉，无论你如何自暴自弃，那些标签的印记都会存留在那里。如果你不能珍爱它，便不能将它变得更让人欣喜。

再糟糕的标签也会有人愿意来修正，再不愿接受好意的人也会有人愿意去爱。所以到了一定时候就会无所谓好坏，因为你就是你，别轻易丢掉自己。

他从十一区流浪到二十区，从未穿过一身完好的衣裳，总是补丁的衣裤让他看起来并不干净。虽然他有换洗衣物，但在外人看来，他乱蓬蓬的齐肩长发和总去翻找垃圾桶的行为，总让人有些不舒服。

他来自哪里，目的地是何方，没有人知晓。电视台的人来采访附近居民的时候，居民也只是迟疑回想："不知是哪里来的，只看见他整天翻着垃圾桶，睡觉应该是睡银行外面的提款机那里吧，不过经常有人赶他走。"

二十四小时都亮着灯光的自动存款机，他在那样的屋子蜷缩在角落，裹着全部身家混上一宿，但往往天不亮就会被人发现，然后给轰出去。

所以他并不长久地待在一个地方，他乐于流浪，并不急于安定。似乎上天也习惯了他这般自暴自弃，时常不会让他在垃圾桶里找到半分收入。

没办法，除了在垃圾桶里翻找瓶瓶罐罐和一些纸板，他实在不知道哪里有他可免费获取收入的地方。

那些没有事干的老大爷和老婆婆有时也会来凑热闹，跟着他一起翻。起初他以为他们是想帮助他，但直到那些老大爷老婆婆拿走了他的瓶瓶罐罐的时候，他才知道这些过着安逸生活没有事情做的老人们，不过是来调剂下生活罢了。

他知道自己叫什么名字，来自何方，家里有谁，住在何处。可是他没有身份证，没有户口本，不知自己到底今年多少岁。因为不曾为自己过过生日，也没有人为自己过生日，所以，面对电视机的时候他只是说："我今年四十几岁。"

到底四十几岁，连他自己也不知道。

二十多年前，读过高中的他和同学一起来到深圳这个大城市，闭塞的农村在那时似乎并未使用过身份证。那里的人们世代务农，从未想过要走出去，但他却来到这座繁华缤纷的城市。

他对这座城市有着无限的幻想，却始终被生活无情击碎。

到深圳时他不满十八岁，靠着同学救济的五十元钱独闯天下，车费花去三十五元，手里还剩仅仅十五元。

也曾经试过去找一个安稳踏实的工作，却都被所谓的押金吓到。他或许不曾想到，在大城市里生活，其实一点也不容易，至少，只有一双手是绝对不够的。

所幸他并不孤独，有工作的时候他就工作，但工作时间并不会很长，连身份证都没有的人，有哪一家工作单位会长期录用呢。或许，愿意雇佣他作为短工都是一件很幸运的事情。

所以他那时经常饱饿不定，温寒不定。

漂泊在外二十多年，他没有人陪伴，外人异样的眼光一开始或许会让他觉得浑身不舒服。可是久而久之，他也逐渐不在乎了。

又不是什么大不了的事情，就算翻找垃圾桶，他不也是靠着自己双手在吃饭吗？一有空余，他就会看书听音乐，他会用尽各种方法去寻找书籍，只要有书看，人就不会孤独，只要有音乐听，人就有了陪伴。

青年时候，他也有过梦想，却最终被现实磨灭。那时的他想要站在舞台上唱歌，梦回千转，无数次在寒风中醒来。他想，若是能站在一个宽阔的舞台，他一定要好好唱歌。

流浪的日子并没有尽头。在外人看来，他不过是又脏又不起眼的流浪汉罢了。但在他自己看来，自己也拥有梦想，虽然看似一无所有，但他想要去做更好的事情，假使明天就是末日。

流浪汉的圈子看似很单一，其实他们是会惺惺相惜的一种人。因为彼此的生活状态都好不到哪里去，知道你靠近我别无所求，现实中温饱已如此难以解决，谁还会在乎其他的事情呢？

某一天，他结识了一群唱歌的流浪汉，那些流浪汉站在街头唱歌，手中拿着话筒，那些看客渐渐围上来，如果唱得好就会给上一点零钱。

有修养礼貌的人并不会被人讨厌，如他就是一个例子。

虽然流浪多年，却口齿清晰，行为举止彬彬有礼，与他一讲话，很快就能让人忘却他流浪汉的身份，他有自己的魅力。与流浪无关，与翻找垃圾桶无关，与那些冷眼嘲笑，通通都无关。

那些流浪歌手收留了他，让他与他们一起唱歌，与他们一起生活。那时候，他有了朋友，有了真正像样的生活。

站在舞台上时，他有些紧张，却表现得很从容，说出的话一丝不苟，慢条斯理。一身衣服已是他借来的最好的，或许在外人看来，不过是奇奇怪怪不合身的旧衣罢了。

以前的他从不敢奢望梦想有实现的那一刻。他只说："我一直相信世界上有很多美丽的东西，我想成为其中一部分。"

电视机前的观众都被他这句话震住了，一个孤苦的流浪汉，却能说出如诗般的话语。他在电视里微笑，对评委每一个问题都礼貌回答，他说："谢谢大家的关心，我没关系。"

哪里是流浪汉，分明有着诗人般的眼神，经历风花雪月后更珍惜人生的那股透明，坚韧又云淡风轻的态度，好似蒲草，令人难以忘记。

他终于站在自己梦想的舞台上唱一首《朋友别哭》，他唱："有没有一扇窗，能让你不绝望，看一看花花世界原来像梦一场……"

他唱："朋友别哭，我依然是你心灵的归宿，朋友别哭，要相信自己的路……"

难以想象，在物质上几乎一无所有的流浪汉，竟然会唱出这样一首温情的《朋友别哭》。

评委们偷偷拭了眼泪，不知是为他的歌声，还是为他这个人，又或者，两种可能都有。一首歌唱完，评委们站起来为他鼓掌。

其中一位评委说："能让我们所有评委站起来鼓掌的人，不超过三个，而你，就是其中一个。"

他眼眶有些湿润，舞台很大，灯光很亮，梦想在这一刻，变得很近，很近……

梦想不过是想唱歌，只是唱歌罢了。

那么，他早就已经实现。

他是符凡迪，迄今为止，唯一一个登上大舞台的流浪者。他说："这个世界上有很多美丽的东西，我，想成为其中的一部分。"

这世上海阔天空，有好多不知归途的人在奔波；这世上天地辽阔，有好多不爱流泪的人在偷偷唱歌。

你有办法让全世界都讨厌你吗？你知道的，全世界的人不会都在意你一个人，地球离了谁也照样会转。看，你做不到。如果不能，就大可以试着去疼惜自己。你得知道，人生这趟列车漫长却又不堪回望。你要爱，不能随意绝望。

地球是圆的，转着转着让我遇见你

你一定看到过月食这种现象吧？你看，即使不是在同一个地方升起和落下的太阳和月亮，在你眼前也好像相遇了一样。那么人生那么长，我们要遇见的人肯定也会在某个地方等着我们的。只不过有时候我们要等的东西太多了，等一个适当的黄昏，等一条陌生的街道或者等一个足够好的自己。

南方的夏天是湿热的，夜晚吹来的风夹带着丝丝水汽。院子里的老人坐在古老的摇椅上用同样古老的蒲扇扇着风，和一对中年夫妇聊着天。季白坐在窗前看着窗外漆黑的夜，虫鸣声让她想起了两年前的那个夏天。

那个夏天她刚高考完，被爸爸妈妈赶到乡下外婆家去过暑假。刚开始的时候她是极不情愿的，但无论她如何不高兴，都改变不了父母的主意，她也只能乖乖地收拾了行李来到这穷乡僻壤。

“唉，为什么我的命这么苦啊！别人高考完都到处去旅游了，我却要来到这种什么都没有的地方，看来这个暑假肯定是无比凄惨无比漫长了！”刚到外婆家的第一个晚上，季白躺在小小的单人床上发出了这阵哀嚎。包裹整个房间的是不够明亮的昏黄灯光，房间的陈设是八九十年代的风格，跟季白印象中的差不了分毫。季白的童年是在外婆家度过的，所以她并没有养成富家女儿的任性和刁蛮，但城市繁华的生活在这些年已经悄悄改变了她。她已经不喜欢冷清单调的乡下生活了。

“白白，明天我带你到处逛逛，让你看看乡下的变化”，外婆在门外得意地说道。走开两步后又折回补充道，“不许说不！明天早上七点起床！”说完便踏着愉悦的步伐走开了。

季白再次苦大仇深地哀嚎了一声。她太知晓外婆的“蛮横”了，是的，就是“蛮横”！无力反抗的季白只好蒙头睡觉。

第二天一大早外婆准时准点地在季白房门外敲锣打鼓，隔着厚厚的棉枕头还是吵得睡不了，季白才哭丧着脸艰难地爬起来。随后在外婆的催促下只用了十分钟就完成了她平时要用半个小时的梳洗工作，最后她套上一条蓝白碎花的吊带长裙，扯了衣帽架上的咖啡色编织草帽就踉踉跄跄地跟着外婆走了。

一路上外婆拼命地跟她介绍村里哪些地方经过修整变得多漂亮，哪家的小孩考上了好的大学让她多多学习，又说要带她去给以前对季白很好的老人瞧瞧。

季白实在是受不了聒噪的奶奶了，便催促外婆快到刘爷爷那里去坐坐，外婆听了觉得也是，就扯着季白赶紧走了。

乡下还是一片绿油油的样子，如果没有外婆那些聒噪的话或许会更开心一些，季白心里想。

到了刘爷爷家后，季白跟刘爷爷打了声招呼后就跑出来了，外婆忙着跟刘爷爷夸她的外孙女就没空理会她了。原来这才是季白的真正目的啊。

季白来到刘爷爷的屋后，看着满田野的绿色发愁。突然间身后出现一个温柔的男声，“看到这样的景色你不开心吗？”

季白边在心里回应着，边不满地转身。当她看到那张干净帅气的脸的时候，她只能迅速地把那句语气傲慢的“关你什么事”吞下，她立刻换了一张符合她形象的柔和的脸，并且顺水推舟地回答道：“是啊，我觉得这样的好景色只有我看得到的话太可惜了。不过现在好了，多了一个人和我分享，也不至于太辜负这样的美景。你说是吧？”季白在心里拼命为自己的表现叫好，同时又对男生露出了清纯的笑容。

男生听到季白的回答显然是有些意外，这更让季白得意起来。接下来便是季白顺理成章地邀请男生和她一起欣赏这乡下的景色，好让她对男生进行深入的考察。

季白花了十分钟便知道了他的信息，他叫刘启然，是刘爷爷的孙子，在C城上高中，也刚高考完，是来乡下陪他爷爷的。

刘启然是个阳光大男孩，说话也彬彬有礼带着文艺气息，长相也特别符合季白的审美。季白打心底里被他迷住了。从此以后每天一大早就出门找他散步，惹得外婆不禁怀疑她是不是着了魔。

某天早晨她穿戴整齐正要跨出院子门口，外婆叫住她，非常疑惑地问她：“白白，你是怎么了？竟然连续这么多天早起出门？是突然间爱上乡下了还是着了什么魔？”

季白一下子就脸红了，连忙轻轻推了推外婆的手说：“外婆，哪里有什么魔啊，我就是习惯早起去散步了嘛。”季白撒着没底的谎，怕外婆继续纠缠，跟外婆挥了挥手示意她进屋后便跑了。

奔跑着的季白想着，也许真的是着了魔吧，那个叫做爱情的魔。她在夏日的天空下浅浅地笑了，宽大的帽檐落下一大片的阴影罩住了她跑得轻微泛红的脸，吊带长裙飞扬的裙角似乎也笑了起来，在空中跳跃着。

在远处看到这一幕的刘启然此刻的心也怦然跳动着，他从未见过如此阳光灿烂的女孩，即使他知道她有些调皮爱闹，但她明媚的笑容让这些不太美好的都变得可爱起来。他是相信缘分这件事的，所以他在心里也悄悄地认定了季白是那个唯一的人。接着，他朝着离他只有三五米的季白招手，并露出了灿烂的笑容，跟心里的那个笑容一样。

季白的回忆到这里便停住了，那是他们认识的第七十九天，离他们分开的日子只有不到五天的时间。离开乡下后他们就失去了联系，季白想着也许一切只是命运的戏弄吧，黯然失神了一阵子后就渐渐忘了心中的难过，但两个人一起度过的每一个瞬间都被她悉心地收藏在心里某一个干净的角落。她的心中总有一种奇怪的感觉，她总觉得他们会再次相遇的，所以她总是平静地等待着。

那个时候她也并不是没有去找过，她再去乡下，却没再遇到他。其实现在她还在等待着，这也是她此次来乡下的目的之一，另外的目的大概是她真的像外婆说的那样爱上了乡下吧！

季白伴着窗外的虫鸣声，被昏黄的灯光包裹着进入了梦乡。她似乎梦见了刘启然微笑着在朝她挥手。

第二天一大早，她和外婆送走爸爸妈妈后便一个人在田埂上漫步起来，夏天的风再次吹起了她的碎花吊带长裙，她轻轻地笑了，朝着红红的太阳招手。

身后一个熟悉的男声响起：“你是在向我招手吗？我在你

后面哦！”

季白举着的手猛地一颤，又缓慢地放下。随后，她轻轻地转身，给了对方一个浅浅的沾满阳光的笑。她走近他，狡黠地笑着说：“是啊，刘启然，我看得到你在我身后。”

刘启然宠溺地揉了揉季白的头顶，然后顺手拥她入怀。

他们心里都在想着：“我就知道我们一定会再次相遇的。”

如果我们曾经相遇过，并且我们的心里都笃定地相信我们会再相逢，那么我想，我们要做的只有等，一直等到对方出现为止。无论我们在对方的生命里缺席了多久，会有余下的时间让我们慢慢弥补所有的缺失。只要是对的人，即便我们走了很远很远的路，我们还是会再次遇见，像当初遇见的那样美好。

沿着地球一圈一圈走，我们也会在某一天重逢，相逢的人会再相逢。

最好的风景留在相册，最好的人留在心底

每个人的一生都会遇到很多人，用双腿走过很远的路，领悟很多的道理，不知不觉就度过了许多时光。在抵达死亡终点前，有人蹉跎岁月，也有人死而无憾。每个人的道路不尽相同，有交集的就是遇上特别喜欢的事物，自然是想要牢牢记住。

沿途风景精致美丽，将它们装进相册，足够你回味一生。用眼睛留不住的人，可以放进心里，终生美丽，鲜活如昨天。

鼓浪屿新开了一家照相馆，但是旅客们早已见怪不怪，因为在这个风土人情浓郁的岛屿上，充满文艺气息的店铺数之不

尽，没有最有特色的，只有更有特色的。

而“八月照相馆”的特色就在于它的招牌和店主人。看过电影《八月照相馆》的朋友都会记得那句经典台词：“我明白，爱情的感觉会褪色，一如老照片，但你却会长留我心，永远美丽，直到我生命的最后一刻。”这句台词就静静地躺在照相馆门口的木板上晒太阳。它平淡无奇，默默无闻，却常常击中情侣们的心。或浓情蜜意的，或分手不久的，或生死离别的……都在所难免。

店主人是个二十岁出头，干净修长的男生，握相机的手指白皙细长，脸上不知何故有几条狰狞的疤痕，但是也不影响他的面容，笑起来很阳光温暖，跟他的名字很相符。徐阳，徐徐而来的阳光，随便一站就是个英挺的少年。他常常穿着快递的衣服，这也是照相馆人来人往的原因之一。凡在岛屿内的客人，全部免费送货上门，他兼职快递小哥。

没人知道他的故事，却由于神秘感十足，渐渐地，有许多客人尤其是女生，纷纷趋之若鹜，照相馆也声名大噪。

徐阳从清晨忙到日暮，生意其实不多，慕名而来的人都只是想见见这个人，对于拍照兴致索然。于是他所有的时间都是花在送快递上，有时候从岛屿的东边开着电动车到西边，再从北边折返回南边。他忙碌得不亦乐乎，直到九月初来了一位女客人。

没过几天，八月照相馆居然歇业了。有人猜想女客人是店主人的女朋友，女朋友回心转意，他们一起去浪迹天涯了。也有人猜想女客人是店主人的亲人，离家出走的店主人迷途知返，回家尽孝……不管怎样，一个传奇到此结束了，不知又会在哪里重新开始。

十八岁是不知天高地厚，最容易挥霍光阴的时期。那年的徐阳正处于青春叛逆期，所有小毛孩的坏毛病在他身上体现得淋漓尽致。学小混混抽烟喝酒，纹身飙车。十八岁的他，从来不会笑，最多的表情就是不耐烦地皱眉。单亲家庭的他，只有妈妈，但是这个妈妈太啰嗦，经常为了一些鸡毛蒜皮的事情骂他。他甚至有点不想回到这个无趣冰冷的家，因为他觉得妈妈一点都不了解和尊重他，也没有一丝自由。后来出门前还同她吵了很大一架，徐阳想去黑龙江滑雪，但是妈妈不允许，说很危险，并放了狠话，只要徐阳一踏出这个家门就不再是她儿子。徐阳充耳不闻，背着行囊跨过门槛，也看不见妈妈背过身抹泪的动作。

如果他知道那是最后一次，他一定，一定会温柔一点对待妈妈。

2008 年 5 月 12 日，汶川大地震。徐阳兴致勃勃地滑完雪从黑龙江凯旋，他在飞机上还洋洋得意地想着回家证明给母亲看他不是毫发无损地回来了吗？在咖啡厅的时候，地震这个恶魔开始肆虐，一阵动荡后，整个小镇便被覆盖在一片黑暗中。他被掉下来的天花横条压住了双腿，动弹不得。在暗无天日求救无门的无助里，他感到生平未有的恐慌。他想起在绵阳的妈妈，想起她孤身一人更加地无助，想起出门前的争吵。他是那样地痛恨自己，就这样死去也没有关系，只要妈妈平安无事。

就在五味杂陈的心情里，他听见阵阵粗重的喘气声，往声源一看，微弱的光线里能辨别出是一个男人。

在黑暗中，居然还能有个陌生人在侧作伴。徐阳像抓住一根救命稻草般跟快递小哥说话，而快递小哥就跟他讲了糖水店小妹的故事。

快递小哥老家在四川，却跋山涉水去广东打工，因为工资够高，家里老小都指望着他。没有认识方渺以前，他总是按部就班地生活。白天上班，晚上就喝几口小酒很快入眠，没有任何爱好，偌大的城市里甚至没有一个朋友，但是他从不感到寂寞。地下室的窗户可以看见为数不多的星星，广州的天空总是发红。如果不是遇上方渺，或许他一辈子都不会懂得孤寂的味道。

因为客户的要求，他将东西送到客户朋友的店里。当时方渺在店里收钱，又有客人点糖水，她像一只陀螺一样不停地转来转去。快递小哥看着她脱落垂在耳边的几缕头发，忽然想帮这个姑娘撩起它，她是那样地惹人怜爱。

快递小哥发现每天临近傍晚，就是糖水店生意最清淡之际，客人寥寥无几，有时候还可以跟方渺说上几句话。所以快递小哥每次都会挑在那个时间，每次都会挑靠近门口的九号桌，每次都会点八宝粥。次数多了，方渺就记得他了。下次他一来，她就在柜台里高声问道："一碗八宝粥，系唔系？"她的尾音总要拖很长，也不是正宗的广东本地的粤语，不知是带了哪里的口音。但是很清脆，就像咬了水灵灵的白萝卜，咔嚓咔嚓，毫不拖泥带水。快递小哥揣摩着可能这就是店老板娘请她的缘故，因为整个人干净利落，眼神清澈。但是喜欢一个人，却是没有缘由的了。他每次都用练得最娴熟的那声"系"来作答，不知道为什么不想让她知道他是外省的，似乎那样就会很丢脸。况且他什么都给不了她，他只想，默默地看着她，如果可以的话，就说上几句话。

他们聊彼此的生活，快递小哥送快递遇到的奇葩客人，方渺卖糖水遇到无理取闹的客人……快递小哥有史以来第一次觉得自己的词汇是那么缺乏，不会寻找话题，自己原来是个无趣的人。

他开始在网上找各种文章，《如何与人交流》《说话的技巧》……千方百计想要提高自己的语言能力，以为这样就可以把方渺逗笑了。他喜欢看她笑得月牙弯弯的样子，像山楂树里的周冬雨，这部电影还是客人介绍他去看的。他偷偷拍了她很多照片，垂下来的头发，在拐角飞扬起来的花衬衫，端糖水的手……很多很多，多到后来方渺看到的时候泪水立马决堤。但是他从来不敢拍她的正面，因为一跟方渺对视，快递小哥几乎就会面红耳赤不知所措。唯一一张侧脸照，他拿来当电脑桌面，可是也在后来湮灭在地震导致的断壁残垣里了。

其实店主人跟女客人一点关系都没有。硬要说的话，他们只是共同认识了一个快递小哥。

徐阳万幸地从地震中死里逃生，但是回家探亲的快递小哥却永远长眠于地下。当时房子的钢筋已经插入了他的肺里，他却为了让徐阳不那么害怕，硬生生撑着最后一口气。临死他手里还攥着一个盒子，几个人从他手里掰出来的时候，盒子已经被压得不成形。里面是一个相册。徐阳一看，就知道该交给谁。从此他就爱上了快递这份工作，他想要替快递小哥把幸福送到每个人的手上，替他把来不及说出口的爱传达。

九月初，是快递小哥的生日。方渺每年都会让徐阳跟她去拜祭他。快递小哥旁边伴着的是徐阳的妈妈，徐阳没有见到她最后一面。

逝者如斯夫，而活着的人始终要带着记忆勇敢地活下去。正因为有所亏欠，所以才要更努力地生活。

“但你却会长留我心，永远美丽，直到我生命的最后一刻。”

最好的风景留在相册，而最好的人该留在心底。

第 06 章

做你梦想的限量版，而不是垃圾回收站

相信别人之前先相信自己，爱上别人之前先爱着自己

世间万物皆平等，若是互不平等，那又会以另一种关系存在的。假如有人自认低人一等，一心一意扑在旁人身上，遗失了自己的世界，那到最后什么也不能得到。

你能使那些让你付出过的人，转过头看你一眼吗？你能让那些你倾尽全力付出的人，也同样为你付出吗？

在人人平等的情况下，你爱着旁人，旁人也爱你，这就另当别论了。因为这个等式还有一个附加条件，便是你要爱自己。只有你将自己看得重要，旁人才不会肆意妄为、随意掠取。若

是没有了这么个附加条件，那么你很难让旁人也同样关照你。

不为别的，就为一个“自爱”。

米云是那种人见人爱的姑娘，她穿衣打扮虽不时尚，却清新整洁像一朵山茶花。迎着朝露盛开，风一吹，露珠还会在花瓣上微微颤抖。

她就是那样的女生。

米云从小与奶奶一起生活，她很少提及父母。大抵是因为自小父母丢弃她的事依旧难以忘记，所以每次学校开家长会，她都是请奶奶前去。

那个时候她虽然没有父母，却有疼爱自己的奶奶。有奶奶在，她一般都不会冻着饿着，所以一直长到十五岁，米云都是一个不愁吃穿的女生。

但若是你觉得她的奶奶会一直照料她，那便是有些天真了。

人生如草木，有荣也有枯。米云的奶奶在她高中一年级时就离开了她，她与伯父操办了奶奶的丧事，伯父可怜她，将她寄养在家里。

十五岁的米云不是三岁小孩，她知晓寄人篱下的滋味，但她却并不埋怨，因为她认为只要有吃有住，就已经很感谢伯父了。

伯父家有一位哥哥，比米云长几岁，米云在伯父家，不只做家务，还得面对伯父伯母对她明里暗里的警告。

有时米云也觉得尴尬，索性在高三，就寄宿在了学校。一到寒暑假，就兼职打工，一直这样生活着。有奶奶留给她的钱，她可以安心去考大学。

没几年，米云出落得落落大方。高中毕业后，她考上外地一家大学。一进了大学，她就开始四处找兼职。

她寝室里面的姑娘们从未见过如此疯狂的人，大家一个寝室，四个姑娘，除了米云，哪个不是含着金勺子长大的。当其他三个人约会聚餐、一起上下课的时候，米云独来独往，与所有人的关系都不好不坏。

当然，别人请求她帮忙，她也不会拒绝。

寝室的卫生一直都是她在打扫，理由很简单，她没有约会也不用回家，所以有许多空余时间，而且最重要的是她从来没有怨言。打扫过的寝室一尘不染，干净极了。

寝室的姑娘如获至宝，有时也会给米云送些小礼物，不过，米云从来不接受。但她这样并不使人讨厌，毕竟她为人温和，一点也不高傲，成绩也好，乐于助人。同寝室的姑娘们从没有遇到过像她这样的姑娘。

在她们都在用更新几代的苹果机时，米云还在用几百元的诺基亚，她不玩摇一摇，也没有社交软件。早出晚归，有课就上，没有课也不知在忙碌着什么。

就这样，一回来看见寝室脏乱差又会撸起袖子干起来的米云，通常是一沾到枕头就会睡着。

唯一的护肤品是宝宝霜，拿来同寝室姑娘们那一箱子化妆品来比，米云实在是个例外。

大家都说米云是铁打的人，从未见过她休息过一刻，她在忙碌着自己的事情，并沉浸其中。自大一开始，就有许多男生陆陆续续要追求她，不知是她傻还是装作不知道，每次男生约她，她都表示没有时间。

所以从来没有一个男生成功约到过她。

甚至他们学生会的会长请她加入学生会，都被她拒绝了。

四年里，同寝室的姑娘们交了男朋友，出去玩，到了期末就临时抱佛脚，一直过着无忧无虑的大学生活。

米云到了大三就已经不在寝室住了，她在外面租了房子，于是流言就悄悄传了出来。不知是谁说她被包养了，在外面买了别墅，日子过得舒坦，所以没有必要来上学了。有的还说可能是米云找了一个有钱的干爹，所以才会这样任性。

不知米云有没有听到过这些流言，但如果她听见，也不会在乎。

大四的时候，大家都忙着实习，写毕业论文。有一位同学在找实习单位时发现了米云，她竟然开起了一家工作室。

原来，考上大学后，米云就开始对目前的商业形势做出了梳理总结。一边上学一边在外面兼职，为自己以后的工作室打下基础。

大一的时候她在一家酒吧当服务生，那里面的人并不好惹，但是她认识了酒吧老板和一些有钱有身份的人。

大二的时候她开始进行一些小规模生意，比如摆摊卖饰品，但不知是因为生意不太好，还是她装扮得太隐蔽，整整一年，她都没有被同学发现。

做了一年生意的她发现渐渐有了同行，觉得这样不行。于是在寒暑假期间，专门去了一些广告策划公司学习，做一些打杂的事情。

公司只给她一些保障工资，便宜的劳动力，有谁不喜欢用？

大三的时候，米云已经有了一定的积蓄，并且在公司打杂的日子，一些管理层的模式通通被她掌握，毕竟她就是学管理专业的，在这方面，领悟力比谁都强。所以大三的时候她已经不在学校住，因为在学校工作会有许多不方便的地方。

在那个时候，她就已经开始策划自己的工作室。她到处拉赞助，寻求各界人士帮助。

一起帮忙的，还有当初伯父的儿子——那个哥哥。他一心想要补偿当年她在自己家做的事情，所以很用心地帮助她招募人才，进行推广。

到了工作室成立的时候，那个哥哥又帮她顺利完成了工作室的第一单生意。

到了大四毕业的时候，米云已经是一个身家百万的工作室负责人。

大学生创业不容易，一个女孩子，能创造出这样的成绩，更是不容易。在大学毕业的时候，有一顿离别饭，同寝室的姑娘们邀请了米云，她一身长裙赴宴。

同寝室的姑娘们都在懊悔当初没有和她一起去闯，却又佩服着她的耐力和坚韧。

有一个姑娘喝醉酒，抱着米云痛哭："有多少次我们看着你回来累成那样，以为你是特别喜欢钱，但是没想到，你创造了一个传说！"

米云笑笑，轻轻搂着她的肩膀，一声不语。

2013 年新生入校，举行了新生欢迎仪式，米云被列为杰出校友举行开场演说。身材瘦小的米云一头长发，面容清丽犹如雨后山茶花，下面的新生纷纷哗然。

米云抿唇，告诉学弟学妹："有时候，成功并不是来源于偶然，它是靠你百分百的努力与汗水获得，当然如果你的运气也算在里面的话。"

她说："在我十五岁的时候，我以为只要一心一意对别人好就可以天下太平，可是后来我发现并非如此。在我讨好的人眼中，我永远一文不值，难道我就真的一文不值？如果我不证明给他们看，他们大概就会以为，我是可以随意糟蹋的烂泥。

但今天，我米云可以很负责地告诉他们，我非朽木，而是璞玉，**只有把自己视若珍宝，才能拥有更好的人生！**”

场下掌声一片，如雷鸣般震耳。

米云抿唇，自此后，她的人生，不会只是爱别人。

如果你只是掏心掏肺将自己所有的好给别人，别人或许会接受，但也只是会接受罢了。他会在接受你的所有后，给你缝好伤疤吗？别傻了，只有在有能力爱自己的情况下，你才能无私去疼爱别人。

因为人如草木，总有枯荣。

不要认为你与他人雷同，造物者不会复制的本领

有很多人会觉得自己不如别人，又或是与许多人相同。那么，我来问你一个问题：壁炉需要柴火才能燃烧，每根柴火大小不一，那它就不会燃烧了吗？答应肯定是显而易见的，不同大小的柴火都能够燃烧，虽然燃烧时间的长短不一样，但它同样会完成自己的使命。

你应当知晓，这世间并无完全相同的人，纵然一树的花果，也有所不同。当你失意怀才不遇，处在磕磕碰碰难以抬头的时刻，请不要忘记，这世间你就是你，是完全不一样的焰火。

阿册每晚都会去三条街以外的小吃街，那里有家烧烤摊是他的根据地。烧烤摊是朋友开的，一到晚上生意太好忙不过来，就会请些人手帮忙。刚好阿册失业，索性在朋友的烧烤摊帮起忙来。

阿册家原本并不在这座城市，他的父母很不情愿他来这座城市打拼。自高中毕业以后，父母就一直为他的未来担忧，“阿册，你就在离家近点的地方安安心心找个工作，谈个媳妇安定下来，有什么不好？”

父母用心良苦，他没有考上大学也并不埋怨，也觉肩上的重任少了许多。阿册一开始也很听话，选择在离家不远的厂子里上班。

厂里工作是有关铅和磁铁的，时间长了，对身体危害很大。从别人口中得知那些危害后，还没有结婚生子的阿册有些慌乱，跟父母说了这个情况。

父母虽然很想让他安定下来，却更不想让儿子有个三长两短，所以阿册辞职后，他们想的依旧是他能够就近找一个安稳的工作。

可是没想到阿册却去了另一座城市。

但好在这座城市有认识的朋友，阿册没有想过要在这座城市生根发芽，他心中念叨的并非是烧烤摊和出租房，他有更远大的理想，但这些都不是一朝一夕能够完成的。同时，完成这些需要耗费的精力物力，他现在还没有那些资本。

每晚帮忙完后，大多都是凌晨。小吃街上的人慢慢变少，有几个喝啤酒聊着天的人会逗留很久，但最后都会摇摇晃晃互相搀扶着离开。

阿册在客人走的差不多时，就会抱着拿来的吉他开始弹。

一首歌一首歌地唱，有的是他自己写的，有的是一些年代久远的老歌。他的声音像是一股清泉，让这个烧烤摊变得不再那么乌烟瘴气。

有时候来吃烧烤的人会一起听他唱歌，听着听着就抹眼泪，也有人看阿册不顺眼，他那副小白脸的样子实在招惹五大三粗的男人忌恨。况且有的还带着心仪的姑娘或者女友，阿册这一唱就更不得了了。

有一次来吃烧烤的是几个混混，其中有一个人戴着一条大金链子，光着膀子，背上纹着一只老虎。他们坐下来和几个小姑娘一起吃吃喝喝。到了最后，阿册的歌声完全将姑娘们吸引了过去。大金链子一见势头不对，故意挑事，把摊子给砸了。

朋友不敢声张，只能求阿册要么闷声帮忙，要么就不要去烧烤摊了。不然这样的事情再多几回，和这些人结下了梁子，就会变成一件难以挽回的事情了。

阿册并不知自己错在哪里，他更多的时候在想为什么大金链子会对自己有所成见，难道是他会唱歌，而大金链子不会？

每次想到这种可能，阿册就觉得心里豁然开朗，他不再去朋友的烧烤摊，而是到大街上开始卖唱。

这座城市有着不少的卖唱人，也分为几个档次。有的手脚不健全，趴在能拖动的板子上握着话筒唱；有的能站立着唱，旁边摆着一个大音响。他们靠着博取大家的同情来获得生活保障。

而阿册不一样。

他只有一把吉他。坐在街角，把吉他打开，吉他包就当作放钱的工具，然后就靠着街角开始弹唱。

有时去桥边，有时在商店门口，一边弹一边唱，还是唱老歌或者自己写的歌。这一次再没有人看他不顺眼，因为在别人眼里，他和乞丐并没有什么区别。

阿册不知自己会卖唱到何时，对于他来说，只是单纯喜欢唱歌罢了。但是现在他不唱歌会饿肚子，不养活自己就无法养活在家的父母。

本来，在老家那个厂里他可以过得安稳一些，不用每天风吹日晒，不用看旁人各种各样的脸色度日。他漂泊在这座城市，像是一个透明的气球，在无声的风浪中飘得越来越高，最终再也看不见最初的面容。

但这样消极的日子并未持续多久，大抵是深知自由重要，阿册决定攒下路费去下一个城市继续唱歌。

说来也巧，阿册在这个城市最后一次卖唱，遇见了之前砸烧烤摊的大金链子，他坐在阿册身旁听了一下午。虽然依旧黑着一张脸，但言语中却对阿册有了一丝敬仰，“你唱歌很好听，很有感觉。如果有什么需要帮忙的，可以来找我。”

阿册听了他的话，有些受宠若惊，一直说着谢谢。大金链子觉得是自己把他害成了这样子，心里也不痛快，不好意思地说：“我开了几间酒吧，你可以到那里唱歌。”

阿册以为自己听错了，但当大金链子掏出名片给他的时候，阿册才知道自己没有听错。他去大金链子的酒吧唱了一个月，每天都唱自己写的歌，原本浮华不堪的酒吧，慢慢能够使人坐下来喝酒了。

一个月后，阿册拿着工资去了下一个城市。他知道，一个地方若是待得太久，必定会让人生厌。虽然那个大金链子同情他，但保不准哪一天，因为身边的漂亮姑娘，不会上来砸他的吉他。

阿册一路走一路唱，虽然积蓄不多，却走了很多地方，干着自己喜欢的事情。大多数人说，一个人能成功，运气、时机和贵人都是必不可少的条件。

阿册或许有遇到过贵人，或许年轻就是最好的时机，却偏要到最后才收获自己的运气。阿册一路唱到西藏，那里有许多和他一样的人，却最终是不一样的。书上说，这样的人在一起叫做志同道合。

阿册和他们一起唱歌，晚上坐在屋顶看着繁星，白天围在一大桌子上吃饭喝酒。没有人问他曾经干过什么去过哪里，只有喜欢听他唱歌的人安静听着。

在西藏待了三年多，阿册和一个朋友回到了杭州，那个朋友这三年来与阿册同吃同住，到了杭州阿册才知道他曾是一个音乐策划人。

一年后阿册出了一张专辑，但并未大卖。却又因为这张专辑上了几次电视，让阿册有了一些忠实粉丝。

他在杭州开了一家小酒吧，放进了这些年来的风风雨雨，也给人写歌，也自己唱着歌。后来他和一个粉丝结了婚，并把父母接到杭州住。

结婚典礼上，那个策划人朋友是他们婚礼的司仪，阿册竟然还联系到了那个做烧烤的朋友和那个大金链子。烧烤朋友还在做烧烤，只不过已经有了一家店面，专门经营纸上烤肉。而大金链子参加他的婚礼时，除了给了他一个大红包，还和他做了兄弟。

但阿册没有告诉他，这么多年自己其实很感谢他。

当初是他砸了自己的梦想，在他快要支撑不住时又给了他希望。那个时候阿册才明白，自己和别人是不一样的，坚信自己的梦想是会发光发热的，所以他与别人完全不一样。

许多人以为自己和许多平凡的人一样，没有那些勇敢的梦想。其实，每个人都是不一样的。

只是那些平凡的人没有把梦想坚持到最后，被落在了一起，而不平凡的人坚持到最后，成为了真正的不一样。

你没有办法找到与你完全相同的一个人，因为你就是你，没有人，与你一样。

风筝断线只能随风飘，就像随着大众的人没有目标

陈升在他的歌里面唱道：“贪玩又自由的风筝，每天都游戏在天空。如果有一天扯断了线，你是否会回来寻找我。”

风筝即使是飞向了天空，也会有渴望自由飞翔的欲望。飞在蓝天里，只要失去了线，风筝就越飞越远。在爱情里，许多诱惑总会使人左顾右盼，使人就像一只风筝一样，迷失在蓝天里，失去自我，最终断线。这样的结果与失线风筝并无两样，均是荡漾在天空中，任凭风来使唤，最后不知所踪。

就看你要做哪种风筝。

进公司的第一天，李响和杨阳就引起了许多人的注意。这两个人不仅是好友，而且都是性格活泼开朗的型男。李响家与杨阳家仅隔着两个单元，两人一起长大一起读书一起毕业，到了最后，还一起在这家公司上班。

公司里并不缺乏像他们那样幽默健谈的人，只是工作久了，再有脾气的人也会被磨砺得没有棱角。办公室时常会有人讲着冷笑话，然后有人附和地笑一声，常年是低气压的状态，直到这两个人到来。

李响在公司宣传部实习，实习期间，跟着同事一起跑跑腿，做做策划，再跟着一起写写方案，端茶送水。因为他比较活跃，又很勤快，所以大家都很喜欢他。只要他有什么问题，大家还是挺喜欢帮忙解决的。

而杨阳却不同，杨阳被分配到设计部实习，这里与宣传部不太一样，设计师们都是拿着鼻孔看人的角色。虽然杨阳是科班出身，但面对这些人冷淡的态度，只能是热脸贴冷屁股。

久而久之，李响在宣传部混得有声有色，通常有谁需要帮忙，他都会第一时间赶到，和同事之间的相处也很融洽。虽然他和杨阳都是很活泼的人，但杨阳绝对是那种公私分明的人，一工作起来说一不二，一玩起来连自己姓什么都可能忘了。

就是这样的性格，让大多数同事在工作中和杨阳发生了一些矛盾，不过作为实习生，杨阳并未有过多想法。毕竟大家都是成年人，有些时候能够忍让就忍一下，如果不能忍下去，双方吵起来终究不太像话。

实习期满，李响因为人缘很好，会处理人际关系，被大家推荐留下。而杨阳因为在别人设计的时候提出几点建议被人记恨，招来了碎言碎语。到最后，公司决定考核杨阳，哪知道杨阳交出了辞呈。交了辞呈后，他请李响大吃了一顿。

是两人平时最喜欢的饭厅，是李响最喜欢吃的菜。可能因为辞职的原因，杨阳觉得一身轻松，倒是李响还不知情，两人一杯红酒下肚，都喝得晕晕乎乎。李响埋怨杨阳："你怎么搞的，竟然让公司对你重新考核，你知不知道这个公司还算不错的了，如果你在这里好好干下去，就一定会有一个好的发展。"

说完，他讲了许多道理给杨阳听，杨阳耐心听着，也不反驳，也不拒绝。两人喝完酒，杨阳扶着李响回家。一直到几天后，公司负责人来找李响问杨阳的联系方式，李响才知道杨阳走了。

杨阳在走之前做了一个完美的管理策划给公司，并指出现今公司出现的一些问题。因为辞职报告是直接给总经理审阅，总经理看见这封特殊的辞职信后，陡然一惊，他不曾想到这样一个年轻人，竟然有这样的远见和洞察力。

但是当他要重新联系杨阳的时候，却发现杨阳已经离开。

并非是杨阳固执，离开公司的杨阳去了上海，当下将自己的作品和简历给了一家新公司。公司面试成功后，杨阳就在上海扎下根来。

他没有办法做到像李响那样，随心所欲面对工作，人际交往是很重要，但人际交往却不是工作的全部。

在新公司上班三个月后，杨阳被转成正式员工，半年后因为拿下一个设计方案，迅速从设计助理转为设计师。

一年后，因为杨阳业务能力强，又被提升为设计总监。对待工作，他从来都不会嘻嘻哈哈面对，该幽默时幽默，该认真时他严谨，一丝不苟，有目标有企划地进行下一个任务。

所以升职如此快的杨阳在公司，算得上是一个传奇。

过年回来，和老同学相聚，李响也在同一桌，李响埋怨杨阳抛弃他，不带他一起走，杨阳哈哈大笑，问他如果当初让他走，他舍不舍得。

李响愣住了，想来他会舍不得的吧。在李响看来，这个工作安稳踏实，和同事一起像玩儿一样地就把工作做完。反正又不用出多少力，该自己完成的工作，因为人缘好，和别人一起完成就是了。

可是他不知道，这样下来，慢慢地，和他一起共事的同事有了不少怨言，觉得他是一个工作不认真的人。

李响倒是觉得委屈，他不和刚开始的时候是一样吗，为什么说他不认真？

杨阳却摇头叹气，敬了他一杯酒："你不是不认真，不严谨，你是把方向搞错了。你盲目地去追随大众，可是大众能给你带来什么？不过是一种娱乐精神罢了。”

李响却不舒服，嘲笑他当初还被公司考核，杨阳却不以为意：“正因为我当初被人戳脊梁骨，所以我才看穿了那家公司的风气。一个不愿意接受别人意见的人，只会影响周围的人，我不想追随着他们，我怕我以后会变得和他们一样麻木。明明自己错了，却还要别人继续跟着他的脚步走，从不会停下来反省一下自己。”

一席话听得李响面红耳赤，如果当初他有更好的目标，对自己有更高的要求，那么现在，就不会还是在普通职员的岗位上工作，从来没有升职过了。

杨阳虽然当初毅然离开，但他有原则，也有自己的一套处世手法。他不会像别人一样孤傲地保持着姿态，他会学习进取，并且改正错误，更重要的是他计划的事情，他都会一步步地去完成。他有着自己的一条线，总是引领他，飞得越来越高，却不会消失不见。

做一个没有线控制的人，你可以随心所欲飞翔，但你又真的是随心所欲吗？众人就像透明轻薄的风，总会用无形的手将你推得越来越远。

你怎么会知道，你将要面临的，是树枝还是悬崖，是飞鹰还是乌云？

而当拥有那条线，那条名为自主的线，你就可以充分地保护好自己，不让自己受到伤害。风再大，不过是你的助推器，让你飞上青天，一鸣惊人。

在爱情里，也不要丢失那条线。如果你丢失了，头破血流回不了头，而且伤痕累累。你又能够被谁找到呢？

只有把握尺度，才能游刃有余。因为你的线，一直都在你的手中。

你或许会感谢现在的自己，不曾质疑曾经努力的你

“你相信蝴蝶能飞过沧海吗？”

“什么？”

“他们都说蝴蝶飞不过沧海，但是我不信。”

“可是蝴蝶那么容易死，应该是飞不过的吧。”

于是你在懵懂无知的十五岁，心血来潮生了一个梦想。那时候甚至看不清未来的形状，跌跌撞撞，跌倒又爬起。听说，蝴蝶都飞不过沧海，你偏偏不信。你相信只要努力，多宽阔的海都能跨越过去。

你为了这一时兴起流过很多汗水，碰过很多壁，遇到了很多挫折，但是都没有放弃。所以你值得，值得看到那片苍蓝过后的美景。

我想给你讲讲我舅舅的故事。他是我很佩服的一只蝴蝶，一只笨笨的、倔强的、会发光的蝴蝶。

老人最后一次出这家门时，他只是眼圈通红地看着载着她的柳木棺材，一言不发。我母亲走上去不忍地拍了拍他的肩膀："实在苦的话，就哭出来吧，别憋坏了自己。"他嘶哑的声线现今仍如在我耳旁，他说："不难过，未曾在原地等候的人，不会懂得双腿直立久了都无法弯曲的滋味。如今她已经能含笑地躺下休息了，我怎么敢再用不争气的哭声去吵醒她。"

2013年的七月，流火的日子，此时的舅舅已是南京的一名硕士。他衣冠楚楚，出手阔绰，俨然一名成功人士。他正在母亲希冀的道路上走得四平八稳，风生水起，老人等候了一生的愿望终于成真。我拖着两个小点的妹妹在木门旁泣不成声，他那双如井的眼睛深藏的仍是满满的内疚，这些道不出口的牺牲也是他成功之路的一大因素。

那天晚上，舅舅同我说了许多话，那些不为人知的辛酸让我整夜都热泪盈眶。

小学的舅舅就已经尽显聪明，父母在他人面前提起他时，眉眼中都是油然而生的自豪感。但家庭的贫困在高中时将他的脚步牢牢困住，意气风发的舅舅被学费愁得一夜之间老了十岁，最后是以小妹的辍学结尾。舅舅似乎背负了很多东西，但从没有犹豫过。他想尽情拼搏，他想出人头地，他想给家人更好的生活。

高考前的很多个夜里舅舅都瞪着天花板合不上眼，夜里让他辗转难眠的不是豌豆，是那根深藏的傲骨和那个扎根的梦想。

姥姥说："你要好好学习，好好做人。"她期望他可以实现他的梦想，他要做知识渊博的人，好好生活，让家人过上好日子。那么平淡无奇随处可见的梦想，他却经过千辛万苦才让它崭露头角。

皇天终是不负有心人，他经历了那么多煎熬后终于考上了武汉大学。

然而，高昂的学费又是一个大问题。舅舅想到了打工，但是稍微正规一点的店都要满十八岁，站在十七岁尾巴上的舅舅有点欲哭无泪。最后，差不多跑遍了整个村子才央求到一位大叔带他去工地打工，所以学费是他在整个假期里一块砖一块砖地叠出来的。拿到那叠皱巴巴的钱时，灰头土脸的他笑得只剩下泛黄的牙齿，但是心里那份欢喜和踏实，使他觉得这几十日以来的腰酸背痛在那刻似乎都烟消云散了。

舅舅第一次坐火车，一想到这个绿皮的大家伙将要带他启程，心情就好得飞了起来。在车上颠簸了两天两夜，车外只有黑黝黝的山静静地陪着他，没有半点星光。

但对未来的满腔期待与他即将面对的生活显得泾渭分明。背井离乡的日子十分难过，舅舅甚至住不起学校的宿舍，最后在天桥下面租了间小铁皮房。那时的孑然一身是很难熬的，但只有被痛彻地毁坏过，才能那么地不害怕伤害。更何况，这才刚开始。

饭堂的饭舅舅吃不起，买了米让饭堂的阿姨帮忙蒸熟再淋点酱汁就算一顿。衣服冬天两套夏天两套，反反复复地换着穿。重复单调的生活不像其他同学那样多姿多彩，他曾经也对那样奢侈的生活有过向往。

舅舅每天都会路过街上那家店，挂在橱窗的外套黑得油亮，他多想把它变成自己的。终于有一天，他鼓起勇气进店，销售员上下打量了他一番，那眼神让他如芒在背，接着还说了句："这衣服很贵的，买不起就别试了。"舅舅抿着嘴唇，垂在两腿侧面的双手攥成拳头，在那种刺眼的目光下终于打消了自己不该产生的念头。应该感谢那位销售员，别人的刻薄有时候可以变成促使你更加上进的动力。

这样下来一学期他才用了几百元，除了学习的时间，他一直在拼命找兼职。

他在灯红酒绿的酒吧待过，见过各色各样的人。有衣鲜人靓的富二代，有大腹便便的中年男人，有穿职业装的白领。他看着他们扭动身姿，或许是在抒发压力，但是双目已经麻木。那瞬间舅舅就觉得碌碌无为庸俗不堪的生活，生不如死。

舅舅在热闹非凡的都市当家教，每天汗流浃背地赶几小时的公车往返学校。遇到过乖张捣蛋的学生，遇到过无理取闹的家长，还遇到了心动的女孩子。但是除了教书解疑外，讷讷地一句话也不敢多说。这么一个身无长物的自己，哪里有资格开口要别人等你。但是后来这个女孩子成了我舅母，当然这是后话了。

舅舅被骗进过传销组织，四十多个小时后，他带着一百多道伤从长春逃了回来。他虽害怕刀光剑影的危险，但是并不退缩。他还要成为了不起的人呢，怎么能在这种地方丢了性命。我后来撩起他的衣袖，深深浅浅的疤痕，有些居然深可见骨。当时是那样的危险，现在却说得这么风轻云淡。

2005年的大学生赶上了国家第一期助学金，舅舅夹在其间。记得领导问他凭什么可以得到这助学金时，他只答了一句："凭我有一个梦想并有为之奋斗穷极一生的勇气。"他那时眼里溢满了光。

那时候想要成为硕士的人不多，因为极其困难，知道的人都说舅舅白费心机。好友也说，一旦触及"现实"问题，一切波澜壮阔最后也避免不了成为清汤白饭。舅舅正色道："如果你没有坚持到最后，那就连清汤白饭也得不到。"

舅舅在浑噩的时候总会想起年幼时的岁月。曾经那些动人的鼓吹和假说，说是在禾田里用双手接过的每一滴雨都可兑为恒久的幸福，所有的梦想都可成真，而他深信不疑并且一路前行。

舅舅相貌平凡，姓名平凡，生活平凡。他整个人却因努力而变得不平凡甚至变得光彩夺目。最后，舅舅成功了，在南京安家，成为将向博士进军的硕士。时至今日，舅舅所拥有的一切都是由他亲手打拼得来的。

舅舅捧着那杯早已凉透的茶，叹了口气有些感慨："所幸当时的我，从来都不曾质疑自己的努力。虽然一头闷，但到底是成功了啊。所以，人总得有个可以深信的信念，最重要的还是要相信自己。每个人走到这个程度都经历了很多很多困难，自我怜惜有时候是最愚蠢的。其实谁都一样，没有必要哭。今天的你，亦是往日的我。"

是啊，你所希冀的一切，都在手里，在未来，在你相信的领域里。等到有一天，经历过大风大雨后，三十五岁的你站在彩虹下，想起十五岁的梦想，想起那只被世代相传飞不过沧海的蝴蝶，想起这些年来那些温柔的倔强，想起和这不公平的世界的碰撞，或许会感谢现在的自己，不曾质疑曾经那样努力的你。

"记不记得我问过你信不信蝴蝶能飞过沧海？"

“记得。当时我说它飞不过。”

“现在呢？”

“它没死。我信了。”

轻易接受一颗糖，就像平白无故挨的一巴掌

这世间艰难险阻有许多，再如何艰难也不敌长途跋涉取真经，一路降妖除魔的道路坎坷。心慈手软的唐僧总轻易相信他人，一颗真心对待旁人，然而这世间又有谁，能一直平白无故来讨好你。

女子高中在市里还算排名比较靠前的学校，一般进去读书的女子，大多都是父母怕女儿在普通学校里误入歧途，无法专心学业，又或者担心其他学校的教育问题。总之，女子高中是常华读的高中。

那时她唯一的护肤品只有宝宝霜，一年四季早晚都抹，皮肤白皙嫩滑，与初生婴儿并无两样。她是剔透的，尽管五官并不出挑，但那样的肌肤，在这女子高中里，也算难得可见。她是走读生，却并不喜欢奔走。

她母亲总讲，女子学校的女生们，长时间没有和男孩子相处，或许会变得微微另类，所以不愿意常华住在学校。对于这点，常华倒是不在意的。

无论住在哪儿，她都无所谓，她的任务不就只有读书学习么？可是，时光蜿蜒流淌如满山盛放的紫丁香，花瓣纷纷散落，在她的人生漫漫长河中，浅浅飘荡。

每天晚自习后都有一个单车少年出现在她的视线中，他与旁人不同。在女子学校，几乎看不见男生，所以看见他，自然有种怯生生的感觉。他每天都会准时出现，在她面前悠悠荡荡，不专心骑车，偶尔停下来在包里翻着什么东西，甚至连她低头垂首轻轻走过他身旁时，他都还是在翻找着。

待她走到一定距离，她就会听见他自行车轮滑过地面的声音。她以为自己是并不在意的，他穿着校服，与自己的校服截然不同。好在常华的学校校服是比较人性化的，采取学生自愿，夏天是短衬衫加裙裤，冬季是蓝色外套加厚裙子，她总喜欢在外套外面再穿一件羽绒服。

而其他高中并不一样，夏季永远都是 T 恤加长裤，T 恤上印着学校的标志。而冬天就更简便了，一件蓝白薄外套，里面是网面内衬，看起来就很大，而他穿着却不是那种感觉。

他把校服穿得很好看，或许是他个子高，所以总能撑起衣服，哪怕是校服，都能穿得像商店里卖的外套一样。

她很喜欢看他穿校服。

因为她觉得很好看。

想来无论是谁，只要认准一个人的面目，哪怕他之前只是众多陌生人中的一个，但今后你想注意到他，你就会用心在人群里去寻找。

常华就是这样。

如果有一天，回家的路上没有遇见他，她都会觉得有些心神不宁。他的眉眼如风，在路灯的照耀下总是显得很柔和。她没有在其他时间与他相遇过，哪怕是一天，也不曾。

她一直以为这样的平衡会坚持许久，却最终被打破了。

因为附近学校出了一起高中女生被侮辱的事件，母亲放心不下她一个人回家，总是让她父亲在她晚自习快要结束时来学校接她。

那一刹那的失落，心中竟然有一种空洞的感觉，不过，她随即又放松了这种情绪。毕竟，那暖黄的路灯下骑着单车的校服少年，或许只是她人生路上一次不甘落寞的邂逅，换做了是别人，或许并无差别。可偏偏是他，但那又怎样呢？她安慰自己，许多事情顺着轨迹前行就已经足够，如果超出这个范畴，那么自己将无法承受这之外的代价。

她以为她做得很好，却没想，她只是一时欺骗了自己。

在一天上体育课的时候，一位高三的学姐要了她的电话号码，她没有防备，毕竟这个学校都是女生，能出什么岔子？

但她之后才通透彻悟，是自己将一切看得太过简单，又是自己将一切变得如此复杂。

每晚睡前她都会收到一条短信，她不知是谁，她猜想是那位学姐的，但短信内容实在颇为甜蜜，让她这样一个从未涉世的少女有些怦然心动。后来，她认为自己一定是疯了，怎么能对学姐的爱意有所悸动。

所以她发了一大段话给她，告诉她以后不要再发这些话，因为自己喜欢男生。没想到信息发完后学姐却打来电话，她一接，却是一个男生的声音。

那声音很好听，清清脆脆，比她软软糯糯的声音要麻利得多。男生在电话那头笑，然后试探她道："以前你放学回家，我经常在你前面骑车，有时候故意停下来等你，但你有可能没发现。"

他顿了顿："我表姐在你们学校读书，她帮我找了好久，才找到了你。"

她心里泛起了涟漪，不禁为自己的行为而懊恼，想起方才发的那一大段义正辞严的话，她羞红了脸，咬唇说："那个……"她想解释却又说不出话来。

不知是什么时候两人选择了在一起，在艰难又苦涩的高中，只有少男少女的心事是最不可告人的秘密。然而她又在女子高中，所以对待传说中的爱慕，显然是要期待得多。

她开始骗父母，说自己要和同学去图书馆学习，父母并不以为意，每天都在接送她。学校又都是女生，哪里会有什么意外。然而，他们却没有想到，许多事情，往往出自于无法预知的未来。

他们在一起看电影，去网吧，他教她玩游戏，她坐在椅子上，他就俯下身将她包围在怀中，她能够闻到他身上好闻的味道，他一边握着她拿鼠标的手指挥着，一边搂着她的肩。

到底是怎么了，她每一次都是面红耳赤地与他分别。

然而这世上并无不透风的墙，饶是她再如何佯装，也无法躲过父母锐利的双眼。在父母再三逼问下，她还是说出了实话，并未得到父母的同意。想来也是正常，那个年代有哪个父母能容忍儿女早恋。从此，她却如失了珍宝一般，断了精气神，满脸憔悴。

父母提出要找他谈一谈，想先看看孩子是怎么样的人，再考虑是否让两人继续相处，只要在不影响学业的情况下，他们也不过多参与。她打电话告诉他，并希望他能来家里，与父母说清楚，但是这却是他们最后一次的通话。

这之后，她再也没有找过他。

是什么样的感觉呢，像是被人捧入了云端，正在怡然自得地享受这一切时，却被狠狠丢了下去。丢进万丈深渊，再无回头之日。

她大病一场，回到学校后也是精神不佳，父母担心她在学校有什么不妥，遂将她转入另一所普通学校。这所学校有许多男生，但是，她却再也没了心动的勇气。

十年后，当她再回到那座城市，已是一名出色的大学教师，当她再次漫步在当年晚自习放学后的街道，却再也没有了当初的悸动与青涩。

如果当时，他能够答应下来，为他们的未来努力，而不是软弱地退出，那么，她或许会相信这世上的美好始终是美好的。

但是，也得感谢他的路过，才能让她有了一双慧眼，分辨这世间哪些人对她真，哪些人待她假。

在这世间，不如意事十之八九，往往是与爱我们的人擦身而过。不必悲伤，不必留恋怅惘，随遇而安即好。愿你始终被温柔对待，愿你能被温暖的手掌呵护，愿你能收获幸福。

第 07 章

守 在 山 脚 仰 望 的 人

看不见的山顶或许贫瘠，看得见的山脚在你眼底

许多人，总想要一步登天，以为天上掉馅饼的事情总是会出现在自己身上，未曾努力奋斗就妄想收获成果，都是在做白日梦。

人生不曾亏欠谁，真正亏欠你的与人生无关，你半梦半醒踏出的每一步，都是你日后清醒时悔恨的每一步。

留心脚下，不要虚妄，任何事情都会收获不一样的意义。

儿时的黎林与公主无异，她有许多裙子，发夹永远是当下最流行款式。她母亲也乐于给她编辫子，她大多时候都是顶着

一头小辫子去上学，她活蹦乱跳的时候，头上的发带就像小蝴蝶飞来飞去。除此之外，她有许多稀奇的玩意儿，无论零食还是玩具，在我们那时的农村看来，无疑是很有诱惑的。

黎林的父亲在城里开办了工厂，专门做印务方面的工作。而黎林母亲则专心在家乡带着黎林上学，那时黎林并不愿意去城市，乡间许多好玩的事情在城市里并不曾有。比如夏天我们一起去池塘里抓鱼，黎林会麻利地脱掉亮闪闪的凉鞋加入我们的队伍。

她很聪明，大多时候都能和我们抓到一箩筐，我们将鱼和螃蟹都带回家，有的养着，有的就直接交给父母处理。

到桑葚成熟的季节，黎林就站在树下和我们一起摇，她母亲是让她随意惯了，只要她不出什么事，她母亲是很乐意让她和我们玩的。

那时，黎林和我们偷别人家的桃子，摘别人田里的草莓，有时吓唬别人院子里的鸡鸭，到我们家看蚕宝宝。有时候，她还会帮我们一起摘菜拔萝卜。

这般难忘的童年却并未持续许久。

小学三年级，黎林被她父亲接到了城里，再也没有回来过。那时我父母也准备去城里发展，于是也带着我离开了农村，自此后，与家乡阔别十年有余。

我时常会回忆起那段快乐的日子，在新学校，同学大多会嘲笑我那蹩脚的普通话，发音不准的英语，还有什么都不懂如土包子一般的我。

只要老师一点名让我回答问题，他们就会窃窃私语，学我说话，于是我就很希望老师不要再点我的名字，不要让我再回答问题。或许是我的诚心不够，老师依旧喜欢点我的名字。

我受够了这样的日子，受够了被人指指点点，性格越来越内向孤僻。于是，我开始想念那个无忧无虑的乡下，还有像蝴蝶一样的黎林。

或许是一种奇迹，不受同学待见的我成绩格外的好，我读了一所很好的初中，再由初中升上城里最好的高中。

在那里，我遇见了黎林。

其实一开始我并没有认出她。高一她与我同桌，虽然她的容貌和名字我都忘得差不多，但我始终觉得她有些熟悉，可我却不敢向她询问。一是当时的黎林已大不如从前那般招摇，衣着极普通，眸子也没有了往日的欢乐。二是当时我们都是青春期，只要两人多说一句话，就可能会被全班同学传来传去。

这样的格局在开家长会时被打破。

我母亲和黎林的母亲坐在一起，两人一眼就认出了彼此，在开完家长会后，我母亲又邀请了黎林的母亲去我家，黎林母亲推辞再三，说是她早些年就与黎林父亲离婚，现在独自带着黎林，开完会还要回去忙生意上的事情。

我母亲就更不依了，那一晚，我母亲张罗了一桌饭菜，我们一家和黎林还有她的母亲，坐在了一起。

黎林并不喜欢说话，这一点和我倒是挺像。我们都是默默吃饭，安静听着大人的讲话，却又各怀心事。从那以后，黎林与我的关系就亲密了许多，我们时常一起回家，因此班上风言风语就多了起来，连老师也问了起来，但当老师打电话询问我母亲时，母亲的解释让老师无力反驳，再也无权干涉我们。

这期间，黎林倒是有过一个男朋友，不过交往没多久就分手。自此后，她安心学习，高考时和我的成绩不相上下，不过我去了一个理科学校，而黎林则选择读设计专业。

大学期间我们联络不多，直至毕业，黎林想要去国外深造，无奈家里条件有限，只能找她的父亲。她父亲又组建了一个新的家庭，有了一个儿子，所以对黎林总是有些不待见。

黎林并未心灰意冷，她想，迟早要成为一个有名望的人，好好挫一挫她父亲的锐气。可能成功对于黎林来说并不容易，她懈怠了，成天混迹于酒吧饭店，不仅没找到一个好归宿，反而染了一身恶习。

黎林的母亲与我母亲聊天的时候泣不成声，并不知为什么自己的女儿竟成了这个样子。我也有所疑惑，当年那个活泼可爱的黎林，真的和现在的黎林是同一个人吗？

或许是母亲的眼泪让她迷途知返，又或者是她对周旋于各种富豪公子哥之间感到疲倦了，她开始沉寂在家，不再出去。这对于她母亲来说，也是一件好事。可是，一个姑娘天天在家里把自己关起来，一句话不说，这也许是一件不太好的事。

我妈以为黎林就这么完了，她时常叹气，说原先还打算把黎林娶来当她儿媳。我郁闷，不理会她的无理取闹，但时常会去看看黎林。

她关在屋子里的时候，我坐在她门外，一边和她聊天，一边翻着手机上那些心理学资料。

就这样过了差不多一个月，黎林终于从她房间里走了出来。她一脸坚定地看着我，说她要踏踏实实地走，出不出国现在已经无所谓了，但是她要完成自己的梦想。

黎林参加咖啡师培训班，几个月后，就有了初级资格证。工作后，她开始积累经验，很快就考了高级咖啡师资格证。

到了她二十五岁生日的时候，她自己的咖啡厅“林中鸟”正式开业。

开张的时候我被邀请去品尝咖啡，她在店里忙得不亦乐乎，我看不下去，也跟着一起忙碌了起来。一天下来腰酸背痛，她请我吃了晚饭，回家路上，她问我：“你知不知道，我为什么那么固执地想要去国外吗？”

我哪儿知道，我摇头。

她说：“我只想给我父亲看看，我妈把我养的不差。可是当他一分钱都不愿意给的时候，我的心就凉了半截。”

她又问我：“你知道我为什么后来不去那圈子里混了吗？”

这个我也不知道，我一直以为是她母亲感化了她。她冷笑道：“是一次我陪一位公子哥的时候，看见了他，他身边搂着一个比他现在那位老婆更漂亮性感的女人。我就知道，我不能再这样下去了。和他待在一个圈子，我都觉得脏。”

我浑身一抖，问她：“你恨不恨你爸爸？”

“恨？”黎林眯着眼看着我，又好笑地转过头去：“恨是一件浪费精力的事情，我没有那个必要去做。但是……”

她顿了顿，又说：“等这个咖啡店运作正常后，我会靠着我自己的努力去国外深造。我想，不管我有没有到达山顶，有没有尝试过站在上面的滋味，我只要脚踏实地努力看完所有的景色，这样我就没有遗憾了。”

我情不自禁给她鼓掌，却被她一扬手，温柔又亲昵地打了一下我的头。

如果黎林当初一心只是空想却不实际去设定目标，或许，现在的黎林依旧是一无是处，可是她并未如此，还好她清醒了。

人生最使人担惊受怕的，是在沉醉不醒的时候犯下过错，妄想走捷径不用辛苦，可是这世上如果真的有近路给你走，为什么还会有那么多失意的人呢？

真正的捷径不是让你搭着梯子或是站在别人的肩膀往上

走，而是需要你用超出常人的耐心和勇气一步一步地往山顶攀登。

总有一天，你会超越他人，不仅如此，你还会领略到一览众山小的无限魅力。

有一种光芒不曾万丈

童话故事里卖火柴的小女孩，她划着火柴，她的一根火柴代表一个愿望。当她划光了火柴，那些愿望到最后也没能实现。

这世上光芒有许多，太阳却只有一个。当它照耀着世界，掠过那些万丈深渊，你有没有发现，有的光芒，只够让你一人看见。

她生长在一个神秘的地方，许多人会向往那里的神圣，也有很多旅行者，历经千险，想要目睹那里的风光。

她是那里的一员，却并不如他人所想。

她未曾见过格桑花，未曾见过雄鹰飞翔，在大草原上，她看不见羚羊。也许是不曾见过光的孩子才会更加渴望光亮。

她有一对双胞胎哥哥，与她一样，是看不见东西的。她只有很弱的光感，就连父亲也是一个不曾见过光明的人。

村子里的人称他们一家为瞎子四口，是的，爸爸，她，还有两个哥哥，不都是瞎子么。

那些闲言碎语，在她少不更事的心里，像是不曾听闻的笑话，她知道自己与他人不一样，可不知道到底是为什么会不一样的。

因为不曾见过，所以才不知道，到底与别人有着怎样的不同。但在旁人看来，她的的确确是个看不见的瞎子。

母亲怕这三个孩子受到伤害，常让他们留在家里，不许他们出门。这样，或许就能挡住那些不怀好意的询问，还有那些鄙夷的目光。

但是她并没有听妈妈的话，她知道，其实自己与他人没什么不一样。于是她经常会偷偷溜出去，去“看一看”外面的世界到底有什么不同。

即使眼前什么也没有。

那么就当是在闭上眼睛，认真听。她能听见几个小孩子嬉闹的声音，他们在讨论哪个地方适合躲猫猫。再仔细听，头顶上空有鸟叫声，它们在她的头顶歌唱，不知是在忧愁或欢喜着什么，她也一直在安静地听。

隔一会儿，哒哒地马蹄声就会传来，马背上的汉子会一边哈哈大笑，一边和同伴说着这一路的收获，再待他们走远，就会有牛奶酥油茶的芳香飘来。如果是要下雨的天气，她会嗅到青草味道，自己先回到家，到家后，雨就会轻轻落下。

她把自己想成卖火柴的小女孩，有着许多的火柴，点一根，就有了微弱的光芒，就可以许一个愿望。要许哪些愿望，这让她想了许久。如果有的愿望万一真的就实现了，那她还得准备一下……

大多盲童是在父母庇护下生活，她也一样，双胞胎哥哥也没有什么不同。但是幸好的是，她的母亲，和别人的母亲，又是那么不一样。

一天，姑姑带来了好消息。

姑姑说："孩子们，有一家盲童学校开办了盲童免费课程，你们去上学吧。"

母亲应许，将她和两个哥哥都送到了盲童学校，此时，村子里又有了许多闲碎的声音。

"盲童上学还不用学费，真好……"

"有什么好的？还不都是瞎子。"

然后就没了声音。

她没听见，她什么都没听见，她在学校里开始了学习。在学校，她用功刻苦，学会了英语、汉语和藏语。

有外宾来时，她可以用流利的英语来与外宾交流。

她的确看不见，却可以听，可以讲，可以思考，可以做正常人能做的一切事情，除了看不见。

从学校毕业后，她先后去了英国、美国、加拿大、日本、印度、德国留学，兜兜转转。在这个从未有一个人出过国的村子里，她是第一个走出国门的人。

在盲校学习的时候，她并不是不会松懈，而是不愿松懈，哪怕是知道明天不远，却也不敢放松一点。怎么能够放松呢，这世间千变万化，唯有用心学习，才能和这个世界连在一起。

这样，才能让看不见的眼睛，用这些知识重新看见。

她被蒙蔽的是眼睛，有的人却是心。

不曾想有多少人在受到一些挫折和失败后开始怀疑，怀疑人生诸多不公，认为自己并非磐石，怎样才能做到坚定不移。

赤脚在刀尖上行走，若是你勇敢，你会愿意尝试吗？如果刀尖外距离一里的尽头处是你最想要的东西，你愿意为之尝试吗？

如果这样能满足你所有的愿望，能完成你这一生都办不到的事情，你愿意上去吗？赤脚行走？

还是你更愿意穿上鞋子去走那一万里长的路途，抑或是两万里，三万里，十万里……因为那里没有刀尖，但是，却让你永远看不见尽头。

这就是选择。

没有胆量与气魄的人难于下定决心，终归会一无所有。你怎能知道，你走完这条路程，会是多久以后?

两年、三年、十几年，而行走于刀尖不过只需要十多分钟罢了。但是所受的疼痛，比你的一万里好不到哪里去。

她毅然地选择在刀尖上行走，没有鞋赤脚也毫无关系。前方有路在指引，没有鞋又有什么大不了！她有勇气，有不怕输的勇气!

如果她一直是那个被关在屋子里被母亲保护着不出门的孩子，如果她一直是那个偷溜出门，安静听花听鸟听马的孩子，那么，她又怎么能有机会长途跋涉去见识不同的风景，去感受外面的大千世界呢。当有人在生活和工作中询问她是否需要帮忙时，她都会谢绝对方的好意，顺带告诉他们："我虽然看不见，但我并不聋，你可以和我正常交流。"

她最大的愿望是办一所盲童幼儿园。

她说她的出发点是想让盲童从小就得到好的教育，不要像她的哥哥们由于父母诸多顾虑和过多的保护，反倒影响了他们今后的正常生活。

她说，她想要盲童有一个快乐的童年。能够在长大成人后，在回忆起那段往事时，都能觉得幸福。

愿望并非是手中的火柴棍，熄灭了火光就消散得无影无踪。

那些愿望和火焰在心中越来越热烈，像不曾熄灭的光芒，冉冉而升，点燃太阳。电视上看见她的时候，心里蓦然有些酸楚。

有多少人，打着现实的幌子，为自己的懦弱推三阻四，毫不诚恳。在一个个分岔路口，总是选择那条容易走的道路。

会后悔吗？

终有一天。

当看见自己不曾走的那条路上正有人昂首阔步地走着，雄赳赳气昂昂时，你会不会有一丝后悔，悔恨当初不曾如此勇敢。

她不会后悔。

因为她已倾尽全力。

吉拉，二十六岁，日喀则拉孜县拉孜镇人，她是一位盲女。

2011 年 6 月，她去了西藏乃至中国第一个盲童幼儿园——琪琪幼儿园，在海拔三千九百米的西藏日喀则市边雄乡，和她的愿望一起生根发芽。

而琪琪幼儿园是盲文无国界组织（BWB）管理下独立运营的中国首个盲童幼儿园。是由德国著名爱心人士，2009 年感动中国十大人物的盲女萨布利亚一手创办、组织筹建的西藏盲童学校。

吉拉，是盲童学校首批毕业的优秀学员之一。

她是最美乡村教师，她是吉拉。

一个一路前行的人，拥抱光芒，她用自己的火柴棍，点燃那曾经看不起她的目光。

有什么关系，她走下去了。

风雨中我们胆怯着许多事物，分明无足挂齿，却异常不安。总是觉得这世界很大，无需自己搀和，却总是想象着如果自己有一天能够光芒万丈又会怎样。

你看，拿着火柴棍的小姑娘，如果可以勇敢一些，再勇敢一些……

那些燃烧过的火柴棍如果能变得再多一些，再多一些……

也许就能成为人生中的万丈光芒。

道路的尽头，永远都会留给一直坚持的人

一直行走着的人才不会孤独，徒留在原地，形单影只，并不是一件好玩的事情。最起码在你准备开始前行时，就有一些事物在冥冥之中有所注定。比如，到不了尽头就永远看不见路途最后的风景，忍受不了一路的艰辛就无法享受最终的好运。

有人会一直羡慕别人好运，而他又怎么知道，那些人的好运，是经过了多少年的等待而得来的。他又怎么知道，为了等到好运，那些人又做了多少的努力！

持之以恒随口一说，都会觉得这是很简单的事情。但是要

真正将它做出来，恐怕，就不那么容易了。

苏扬每天清晨都会泡一杯咖啡，她不太喜欢煮出来的咖啡，大概咖啡豆现磨现煮无论加多少奶多少糖她都会觉得苦，而泡出来的却不会，它的颜色甚至都不会那样深，有点奶茶的感觉，喝下去还会有股甘甜。

每天早上一杯速溶咖啡带她进入新的一天，告诉她，是该真正迎接这样美好的时刻了。

大多诗人总会将心仪的女子这样比喻，如月如玉如花如诗如画，如潺潺的溪水如动人的乐曲。而苏扬，她大抵就是这其中一种。苏扬如画，如浓墨点了清水染出来的山水景秀，如烟雨朦胧云鬟雾鬓的小镇江南。

她一低头、一翘唇、一个眼神似乎都能有着惊天动地的美。可是在十八岁以前，苏扬并非这样。

十八岁以前的苏扬，因为眼睛近视，常年戴着黑框眼镜。一头马尾永远不会换花样，一身休闲服怎么舒服怎么来，不施粉黛，连唇彩都不会涂抹。

她心中只有一样东西：琴。

苏扬初中时候开始学琴，当然，并非是钢琴，也并非是吉他贝斯这些琴，她学古筝。

说来也奇怪，苏扬小时并不喜欢乐器，甚至都不怎么唱歌。从小她就不像别人家的孩子，又要学舞蹈又要学画画，放假后课程被安排得很满。她从来都是随心所欲地玩，然而这样的原因只有一个，那就是她的家庭并不像别人家那样富裕。

父亲和母亲一起在夜市经营一个小摊，没有门脸，一到晚上就出摊，深夜才归。卖些饰品或是拖鞋围巾，摊上的纸板标价有时都是苏扬来写。

或许正因这样，她才有着别人没有的渴望。不上学不帮父母的日子，她就时常窝在家里，想象自己是一个旷世奇才，像电视上那些人一样，指尖飞舞，一首动人的曲子就会这样流淌出来。一边想象一边拨弄着手指，有时还会将那些没有用的细橡皮筋找出来，绑在一起，然后把它们当成琴弦，一遍又一遍地拨弄。

它们发出来的声音都会让苏扬觉得激动神奇，这世上怎么会有这么动听的声音？苏扬那时并不明白，她只知道，自己小小一方世界被这痴迷给扰乱得不成样子。

大概每个家庭里，关注女儿最多的还是父亲，父亲发现了她的喜爱，可是父亲并不打算送她去学古筝。

他和苏扬母亲有一个很好的理由来拒绝苏扬："现在学习要紧，学什么古筝？那些没有意义的东西，你真以为能让你有多大出息？"

苏扬沉默，不知为何自己的父母会如此刻薄，因此郁郁寡欢，终日沉浸在自己的世界。所幸因为这样，她虽然没有朋友，但学习一直不错，倒是让父母不再担心。等她小学毕业，和班主任老师的一次面谈，让她的父母开始深深地愧疚。

班主任到她父母的摊子前聊了一会儿，所幸那时人并不多，如果到苏扬的家里去，被苏扬听见还不知会怎么样。

此时的苏扬终日抑郁，但却十分乖巧，一直在懂事地帮助父母做事，极少有时间和朋友玩耍，不过，她也没有朋友。

班主任老师语重心长地说："你们这个孩子，有心病啊。小学这么多年，我一直想让她在学校积极一些，变得开朗一点。可是到了现在，她一点也没有改变，完全不合群，一整天都不会说一句话，性格孤僻得可怕。如果这样下去，将来要怎么才能融入社会？"

她颇有深意地看着两个人，叹息道："班上有几个孩子反映，苏扬每天放学都会去一家琴行逗留，看那里的人学古筝。如果可以，你们帮她实现愿望吧。"

苏扬在很多年以后，依旧很感激当初的这位老师。如果不是她，也许固执的父母还是不会送自己去学古筝，还是会在自己瞎捣鼓的时候说："这没什么了不起，你不要玩这些莫名其妙的玩意儿。"

然而那日深夜，苏扬躺在床上熟睡，并不觉得孤独，她枕头下是自制的琴弦，她偷偷留着，未曾被人发现。但当父母回来时，母亲竟背着她开始啜泣。她被这啜泣声吵醒，却并未问母亲为何如此，而是闭眼继续睡觉。

第二天，她就被送到了琴行学习古筝。

初中苏扬学了三年，大多数的学费都是由父母支付。还有一小部分，是她在一些晚会上表演，主办方给的酬劳。

那是她第一次知道原来弹古筝并不辛苦，上了高中后，她已经可以去名师家中学习了。整个高中，虽然她是一名默默无闻的丑小鸭，但练习从未间断。任何人见了她，都不敢相信她能弹得一手好琴。

高中毕业，她考上音乐学院，开始在古筝专业学习。

毕业后，经导师推荐，她先后去了多个国家演出学习，任谁也想不到，这个小女孩的父母竟然是在夜市摆摊卖拖鞋的人。

然而，若是她的父母一直强求她好好读书而不追求理想的话，想必她也不会有这般成绩。当然，现在她的父母早已不用摆摊，凭她的能力，两位已经可以安心过日子了。她时常会去各大院校做客，当嘉宾讲师，也会参加各种晚会。她还是苏扬，只是已经从丑小鸭蜕变成了白天鹅。

她每天早上一杯咖啡，不知是何时养成的习惯。她现在的朋友依旧不多，但是喜欢她的人很多很多。

她回想不起自己小学那段时光是如何度过的，从某种方面来讲，她也不愿意想起。那时孤独的自己要与谁为伴，她的答案只有那几根橡皮做的自制琴弦。如果没有它们，要怎么挨过那些冰冷岁月。

苏扬不曾想过自己一路坚持会有这样的成绩，抑或是说，她已经不在乎这些成绩。她最重要的事情就是弹琴。能够开心快乐地弹，能够正大光明地弹，能够在弹的时候不用被人说好好读书，学这些有什么用！

能够一直做自己喜欢的事情，这种感觉真好。

如果当初她被那些言语给打败，放弃了这种炙热的喜爱，未来会如何？又或者，她的确是被打败了，但是又在某一刻重新拥有了希望，然后倍感惊喜。

然而无论如何，她不想去细想，她一直在往前走，所以才会如此明媚闪亮。

被打断喜好和梦想的时候，你要确信这是正确的，是值得你去做的。你想唱歌就大声歌唱，想画画就挥毫泼墨，想跳舞就舞出人生。

不要优柔寡断犹豫不决，毕竟，这只不过是你不肯承认你不够勇敢的借口。若是一直走，你就必须不灰心不回头坚定地往前走。

星光熠熠，鲜花掌声，总会到来的。

你不能掌控别人的人生，却能掌控你自己的

“在必须感觉我们终将一无所有前，你做的让你可以说，是的，我有见过我的梦。”

在宇宙洪荒的罅隙里，渺小如我们不能替任何人做决定，唯一的权利就是决定自己的人生。刚出生的我们双手注定空空如也，命运和道路也都是虚无的东西。双手抓不住的东西，用心就能做得好，不要去惆怅接下去的人生该怎么走。没有人一懂事就知道自己的路要怎么走，想要怎样的生活就要用心将它过成想要的样子。

梓瓷是个正在念高二的小姑娘，跟所有十七岁女生一样，平凡的样貌，不突出的身材，甚至有淡淡的晒斑，唯一好看的眼睛也被鼻梁上横着的眼镜挡住了。在外面是很温顺的女生，常常被夸脾气好，没有其他优点就只有这种被发的好人卡。梓瓷心里很落寞，他们都不知道她的强项其实是画漫画，连同进出的闺蜜也不知道。

但是梓瓷在家里脾气很暴躁，跟母亲总是因三言两语不合就吵了起来，这个年龄的女孩子特别容易跟亲人发生冲突。梓瓷一时心血来潮就离家出走了，她想看看家里人会不会出去寻找自己。小女生故作娇纵以渴求得到关心和注意力的心理很常见，家里人也清楚，有着任她走也走不出多远的念头，所以并没有追去。

第一次离家出走十分缺乏经验。她刚刚洗完澡，湿着头发，只穿了拖鞋，连手机和钱都没有带。火辣的天气很快将她的薄衬衣打湿，热着热着，她突然热出眼泪。如果高考失败了，那样的话，就更加不会得到关心了吧。明明已经那样努力了，努力去背数学公式、背英语单词、看作文范文……而得到的却是不及格的数学、中等的英语和语文。写千篇一律的作文让她感到无力。终于有一次，她遵循自己心意写了一篇与众不同的文章，结果可想而知。老师拿着她的作文本在讲台上看着她笑，对着全班同学说："同学们来看看我们的语文课代表写的作文。

题目是《我的梦想不是梦》，她写她的梦想，她想当一个漫画家，脱离高考的压力，随心而动。”这么一个梦想，居然会招来哄堂大笑。一定只有成绩高高在上的人才有出路，才有资格谈梦想吗？她想，这真是个不公平的世界。

身旁不知何时来了个喝得烂醉的老汉，梓瓷红着两只眼睛，没有心思搭理他。醉老汉打了个嗝，突然凑到她面前说：“你这种小姑娘我见得多了，无非就是考试考砸了嘛。哭什么鼻子呢？”她说：“你有过渴求的东西吗？”

“当然有啦，酒啊。”

记忆到此就告一段落，距离那个软弱无能的夏季已经半年，再过了这个冬季，就要高考了。

靴子踩在雪地上发出咯吱咯吱的声响，一个隆冬的寒冷已经将匍匐于地上的黑暗覆盖得严严密密。可是它终究是在潜伏着，等待一个适当的时机，便能重新出来作祟肆虐。

梓瓷低头看见一片白茫茫的雪，她用手捧起一小撮雪花。不是小说里写的六棱角形状，也不是才女形容的如柳絮。它们在她手中像日常生活中庸俗的盐，不消片刻便融化成水。不是所有理想化的东西都可以变成现实，自小所想要画漫画的梦想会不会只是像那个醉老汉所说的，只是痴人说梦。手心斑驳的掌纹是不是就是所谓的命运？如果是的话，能不能是自己掌握自己的人生。

梓瓷温暖的掌心一下子变得湿漉漉，一直蔓延到心里。

梓瓷曾无数次梦见高考失败的自己，挂了一科又一科。亲戚嘲笑扭曲的面容，父母痛心的责怪，“当初叫你别选艺考，你硬是不听，现在自毁前程了，我看你怎么办？”

半夜父亲听到她的哭声，赶来搂她入怀，她用力地汲取怀抱的温暖。这样的温暖，一不小心就会失去吧。扪心问自己是否已经足够努力了呢。

于是她开始每天面无表情步履匆忙地在学校和家两点穿梭，学校的试卷白花花地翻飞似白鸽。每天晚上熬夜到凌晨三点，清晨六点顶着黑眼圈上学。她开始大把大把地落头发，开叉的不健康的黄头发。哥哥说再这样下去你就要成尼姑了，她笑笑说无所谓，只要能考上，做光头又如何。

梓瓷以为她内心已经放弃画画了，但后来的一个人使她拨开迷雾重新见到了晴天。那个人是陈安妮。

即使没有选择艺考，梓瓷也考砸了。她站在灯火通明的大操场，一言不发地流眼泪。父母的电话没有接，朋友也没有联系。明明已经那么努力，甚至拿了自己的梦想作赌注，还是输得一塌糊涂。

她循环了一夜《等风来》的主题曲，张悬幽幽地唱：“在必须感觉我们终将一无所有前，你做的让你可以说，是的，我有见过我的梦。”

第二天梓瓷就收拾了行李去北京，打算做北漂。安妮是她在那里认识的一位志同道合的好朋友。

她在北京破旧的旅社里遇见陈安妮，正好都是因为不够钱被店老板拒之门外，真是不走向社会不知外面的艰辛。她抱着两只行李箱在门口等雨停，隔壁站了位同病相怜的女生。她百无聊赖地过去聊天，才知道她叫陈安妮，也是因为喜欢漫画才来到北京。还没聊完就有个很帅的男生来接安妮，就是后来红遍网络的《安妮和王小明》里的男主角。王小明说找到了一个地下室，租金很便宜，但是会有点吵。就在他们要走的时候，安妮转过头问她，“梓瓷，要一起来吗？”她呆呆地牵住了安妮的手。

于是她们就在三十平方米的地下室开始为各自的梦想奋斗。安妮说梓瓷的漫画让人耳目一新，但是要学会在电脑上作画。她开始从头学PS、DC、PT。每天画了又画，还是不满意的居多，眼镜看的东西越来越模糊，她知道是度数在增加。觉得自己手笨得很，鼠标也完全不受控制。梓瓷有些垂头丧气，安妮说是她内心太浮躁，静不下来去学。于是她试着放空脑袋，一横一圈联想结构，渐渐也深得其道。

安妮说，她相信命运是掌握在自己手中的，就算只有1%的几率，她也能够发光发热。

后来《安妮和王小明》在网络上爆红，她们开始有了一个小小的工作室，越来越多的伙伴向她们靠拢。

再后来她们想到做一个 app，让所有热爱漫画的人都有表现自己的机会。是啊，毕竟已经不是一颗糖果就能降服心魔的年纪了。人大了，野心也大了。她们想要画出被大家认可的漫画，想得到熠熠生辉的机会，希望有一天自己也能大声地喊出来，是的，我见过我的梦。

但是渐渐地碰到很多困难，资金周转不灵，没有工资发给员工，被很多投资商拒绝。那百分之一的光芒差点要熄灭，命运也差点要脱手而去。

然而，随着 app 的上市，《快看漫画》也深受网友欢迎。随后投资商纷纷回来找安妮，她们的万元大赛也举办得很成功。

我们没有能力去改变有着许多不公平的世界，可是如果想要公平的人生，唯有靠自己。我们会有很多次站在人生之路的交叉路口，向左或者向右，一切的想法，相信你皆心中有数。

记忆会随着光与热还有哀愁一并长逝，但梦想却会随着时间的长河生生不息。愿你也能携着满腔梦想在荆棘人生道路一路前行，永不后退。我们不是超人，不会飞，但是我们的命运是掌握在自己手中的。

缘分就像一见钟情，不然擦肩千次都不算

人和人之间的缘分其实很微妙，能相遇也是因为命运无形中的一条线。每天你都会和许多人擦肩而过，世界这么大，你偏偏走那条路，他偏偏走进你的酒馆，她偏偏路过你在的城市，他们偏偏点了同一杯饮料，偏偏在看同一本书。所有人都可能成为你的知己朋友，但是在一起的两个人却不仅需要擦肩，还需要一见钟情的缘分，不然把肩擦破了也擦不出火花。

在一起后才听我的小男友说，原来他对我是一见钟情。我在遇见他之前接了一个稿子，由于瓶颈时期，完全写不出半个

字，写文章的人都知道那是多么痛苦的事。为了换一个环境寻求灵感，我搭公交去了郊外的小洲村，那里可谓是文青气息浓重的小店聚集地。我披头散发找了一家安静的咖啡厅，陈旧的木桌木椅泛着柔和的光，壁窗也是古老的绛红木色，我抽出电脑放在桌上望着窗外发呆。

正巧有个男生抱着一盆不知名的花路过，草地上有个落单的小女孩在放风筝，风筝随风飘了离地几米高便摇荡着掉了下来。他开始笑，嘴里嘟囔着技术太差的话。他把花送给随着母亲在扫马路的小姑娘，小姑娘咧开大大的笑脸，用脏兮兮的小手胡乱拂去嘴角边的头发后跟他说谢谢。她母亲则头也不抬地瞥了眼小姑娘怀里抱着的花继续扫着路边的落叶。在他准备离开的时候，那位母亲让小姑娘把花还给他。他站在原地目瞪口呆地抱着花，目送母女俩走远，暗自在心里飙脏话。那时候他恨不得钻进树洞里面对着苍天祈祷这一幕没有发生。这么尴尬的事情怎么可能不令人发笑，我实在忍不住噗的一声笑了出来。声响也许有点大，他楞着脑袋看了过来。搞得我也有点尴尬，跟他打了一声招呼，他却以为我要邀请他过来坐，一下子走到咖啡店里坐在我对面。熟识之后我吐槽他，没想到你当时脸皮那么厚啊。他顿时粗了脖子，“不厚怎么追得到你啊？”

他一直在寻找记忆中的花，不记得名字，不记得颜色，恍惚能看见的形状却像失忆一样再也描述不出来。买了那盆花又感觉不对，反正自己总是养不活花花草草的，只是为了执念在买，所以想送给小姑娘算做个善事，谁知道会落得个这样的下场。我哈哈大笑，这些天所有的阴霾竟有些消退的迹象。都说写文章的人有些独来独往，我也不例外，一般我是不会跟陌生人聊天的，更不用说不顾形象地哈哈大笑。可能这就是缘分吧。

我们虽然互相留了 QQ，但是我很少主动找他，他却每天都找我。谈论家里的事，我写的字，自嘲一下理科男的痛苦生活。

有一次我难得主动找他，为了讨论我的小说，我问他会不会为了一个女生改变，改变成她完全喜欢的样子。他却一直在纠结：“那不就是追一个人之前的表现吗？”

我快要被他气死，没好气地说：“不要在意这些细节！会还是不会？”

“不完全会。”

“不改变就会失去她哦。”

“恋爱不能迷失自我。”

我不假思索地开口说：“可是秋佳会啊。”话音一落，首先惊讶的是我自己，为什么我还是会轻而易举想起他，这个坏习惯为什么还改不掉？那时的我并不知道，二十一天养成的习惯，用大半生的时间来改也不一定能改得一干二净。谁在热恋时都想过未来，即使没有想过为他去死，也想过陪他一起死。

这般炙热的感情，一时半会儿是戒不掉的。

不知道在网络那头的呆子会有什么反应，我竟有点担心这个。莫名其妙地感到不对劲，再这样下去不知道会演变成什么样子，于是想着跟他断绝联系。他却还是每天给我发消息，说他发生的事，讲“火柴摔跤把自己点燃”之类的超级冷笑话。有一天我忍不住回复他，我说，“你不知道我在躲避你吗？”这句话很耳熟，好像很久以前就有人对我这样说过。

我和秋佳所有的朋友都以为我们会在一起，我也以为我们在一起了。可是有一天秋佳说，“你不知道我在躲避你吗？”不记得当时我是怎么应答的。

呆子过了很久才给我发了一段话：“听说二十一天能养成一个习惯。如果我每天出现在你聊天列表中，你会不会习惯有一个我？假以时日，你会不会因为有一天我没有主动找你而心里空落落的？”

我当时不以为然，也不知这种感情的可贵。可能唾手可得的东西，所有的人都不会懂得珍惜。

后来他知道我喜欢听张悬的歌，于是跑去学了吉他。不知道学了多久，直到有一天在宿舍听见有女生说楼下有男生唱歌表白。我探头一看，是他。从六楼望下去，只看得见他蓝色的外套链子被风吹得啪啪甩在吉他上，看不清他的神情。

旋律一起，我就知道他唱的是张悬的《关于我爱你》。

他唱：“你眷恋的都已离去，也问我自己无数次，想放弃的眼前全在这里，超脱和追求时常是混在一起。”我想起和秋佳的结尾，是我自己还在臆想，将现实和梦境混在一起。

他唱：“你拥抱的并不总是也拥抱你，而我想说的谁也不可惜，去挥霍和珍惜是同一件事情。”我想起对秋佳的感情，回首一看，不过一直都是我自己在死缠烂打。就像秋佳说的，感动不是爱。

他唱：“我拥有的都是侥幸啊，我失去的都是人生，当你不遗忘也不想曾经。我爱你。”到最后，他说了六个我爱你。我的眼眶有点湿，眼泪跟着滴滴答答洒落一地。

最后水到渠成，我们在一起了。为什么会在一起呢？好像还是因为习惯。习惯了他对我的好，他的出现。要是有一天他不跟我说话，我的心就如他所说会变得空落落的。而当我跟他在一起后，才发现他比想象中更加可爱。

2015 年 8 月，即将迎来我们的婚礼。我要在有阳光有蓝天有白云的岛屿上，嫁给这个可爱的男人。

我忽然想起那年冬天夜里和秋佳一起看的电影，影片结束前回放了黎小军刚来香港时在车上的场景。那时黎小军在睡觉，李翘急忙下车并未注意到彼此。原来他们早就相逢，可惜缘分就像一见钟情，不然擦肩千次都不算，所以他们最终也没能在一起。就像我和秋佳，无论多好的感情，这辈子也只限于做朋友。

《甜蜜蜜》里豹哥跟李翘说，傻丫头，回去洗个澡好好睡一觉，满大街比豹哥好的男人多得是。不知道李翘赞不赞成，反正我觉得没有比秋佳更好的男生了。然而，即便如此，我望了望现在坐在我身边的男生，他的手没有秋佳的厚实，可是他会紧握着我不放手。他的肩膀没有秋佳的宽阔，可是他会及时给我一个拥抱。他知道我想要的，他不会向我讨要任何东西。所有的不甘心都是因为得不到，然而正所谓“命里有时终须有，命里无时莫强求”。

你总会遇到可以托付终身的人。这样，便是最好的。

第 08 章

你的铁鞋帮你踏过千山万水，你穿布鞋也可以

纵然只是路边野花，也有属于自己的姿态

每个人都是这世界上不一样的景色，每个人都有自己的不同姿态。有的人是向阳而生的向日葵；有的人是傲然绽放的带刺玫瑰；有的人是寒冬而开的腊梅；有的人则是毫不起眼的路边野花。而往往别人只能看见你的表面，更深层的灵魂，哪怕是你自己，也很难触碰。

而每个人最应该相信的事情就是，自己是与众不同的，与任何人都不一样。这种确信从你降临在这世间那一刻，就已经确定，并且生根发芽。

章宇是我的小学同学，小学四年级转学到我们学校，分到我们班，又恰好是我的同桌。那个年代歌星张宇非常的火，班上大多数人都会唱他的那首《雨一直下》。第一次看见章宇，他个头瘦小，怯生生的样子有种浓浓的大山味儿。他一开口自我介绍就让全班哄堂大笑，他说："我、我叫章宇……"

这个章宇和那个大歌星张宇，还真的一点儿都不一样。

也不知是谁带头在笑，我只记得那时我笑得直不起腰，连老师也不忍心打断我们的胡闹，而章宇因为我们的"捧场"，一张白净的脸红得犹如猪肉铺上悬挂的猪肝。我第一次看见一个男生害臊成这样，一点儿也不像男子汉，当时我这样想。

章宇的成绩算不上很好，可能在我们那个镇小学，也最多就是中等成绩，但是他很讨老师喜欢。每次值日的时候，总能把黑板擦得干干净净，抢着倒垃圾，最脏最累的活也从来都不拒绝。一有人叫他帮忙去学校小卖部买东西，他也总会很乐意地答应。

我和他接触并不多，大概是我不太看得起他那副唯唯诺诺受人欺负的样子。所以大多时候，我都不太愿意搭理他。

我是班上第一个有游戏机的男生，也是第一个每天零花钱超过两元的人。那个时候班上同学的零花钱最多不过五毛，所以我在班上男生的眼中，还有些不敢招惹的成分。我的父母在镇上开了一家小饭店，生意火爆，所以才让我从小就有挥霍的资本。但当我长大以后才发觉，其实当时的所有，对于章宇来说，或许都是一种张牙舞爪的炫耀。

和章宇在小学的最后一次谈话，是我们两人一起打扫教室。其实这之前，我们两个人的交流仅限于“让我一下”。而当时，他站在椅子上擦窗户，我在他身后，坐在别人的课桌上玩游戏，我一抬头就看着他认真踏实的样子。

他瘦小的身子隐藏在夏天的黄昏里。我突然就来气：“章宇，你以后不要帮人做事了。你能不能男人一点儿！”

六年级的我或许不知道什么叫男人一点儿，但是我看见章宇背脊一挺。他并没有回答我的话，顿了一下后，又开始继续擦窗户。

扶不起的阿斗，当时我想。拿着游戏机转身就走，既然他那么想当好人，就让他当好了。我也想看看他到底能好到什么程度。

直到小学毕业，章宇所扮演的角色，都是一个受人欺凌的弱者。这一点也不值得同情，当时我想，如果他能有出息一点，或许就不会受到这样的待遇。

然而当时的我肯定也没有想到，在十多年后，我和章宇，竟然还会再一次重逢。

2010 年初秋，在一个地方台举办的厨师大赛上，我负责采访最后获得冠军的厨师。因为前几场比赛我都不在，所以最后一场比赛开始之前，我把之前所有比赛视频都看了一遍，并开始重视一名叫章宇的参赛者。

当时我并没有想过他就是那个瘦小腼腆的章宇，因为十多年后的章宇，身材高大，皮肤依旧白净，不多言，笑起来还有两个梨涡。从第一场到最后一场比赛，他都显得从容不迫，比起其他参赛者，他显得太有气场了。

或许比中餐，这些人都难分高下，但这次厨师大赛的内容是西餐。而当时，这个片区的西餐文化并不是特别发达，所以一直都显得淡定从容的章宇稳操胜券，拿了冠军。

最后当然是我采访他，其实早在决赛之前，我们就有过几次简短的交流。事实上，我对每个决赛的选手都有过这样的交流。毕竟我并不知道谁会是最后的赢家，所以在这之前，多做采访沟通，这之后的报道会显得更有料。

到了后台的章宇拿着金灿灿的奖牌，拍拍我的肩，如释重负地对我笑着说："要不我们出去喝两杯？"

我心想，这人还挺配合。我什么都还没说呢，他就自动送上门来了。而这之后，我才知道原来章宇在看见我的第一眼时，就已经认出我了。

他坐在大排档的塑胶椅子上，给我倒酒，也给自己满上，他似乎很高兴，有些不像比赛时高雅认真的章宇。他说："当年你说的那句话，让我也思考了很久。我当时就在想，难道我帮助别人也错了？难道我的善良在别人眼里，竟然是可以随意挥霍的？”

见我闷声不吭，他又笑着说：“你虽然长胖了，但说话的神态，和当年一样。”我看着他的脸，试着和小时候那张容易脸红的脸联系在一起。可是最后都徒劳无功，因为他眸子实在是太亮了。

我不知道那里面闪烁着什么，可是我知道那是章宇自己独有的光芒。

采访做了很久，章宇告诉我，他在高二那年就辍学了，因为家里父亲生病，高昂的医药费让家里负担越来越重，而他又不忍心让母亲独自担起这个家，所以毅然选择辍学。

一开始，他在小镇上的餐馆当洗碗工。后来因为他偷学大师傅的手艺被大师傅发现，告诉了老板，老板就把他给辞了。但从此章宇就迷恋上了厨艺，他最钟爱的是西餐。

他也去过糕点房，看着那些裱花师傅工作起来的样子和艺术家没什么区别，那时的他已经不再偷偷学艺，而是当起了学徒。当他终于可以裱出好看又艺术的蛋糕时，他又选择离职。因为那个裱花师傅年过四十，自己的勤奋太惹老板注意，他不想抢走老师傅的饭碗。

辞去工作的章宇去了上海，那时父亲的病已经逐渐好转，他每个月都会给家里寄一些生活费。在上海，他选择了一家不错的西餐厅，从端茶递水的服务员做起，干了大半年，才进了后厨。

在后厨一直都干着配菜切菜的活儿，别人都不理解，在大厅当服务员又轻松又有小费拿，为什么要来后厨呢？

只有章宇自己明白，他再也受不了屈膝卑躬的生活，他再也不想像小时候那样，让人觉得他活得不像个男人。

听到这里，我有些愧疚，也许是喝了一些酒，我脸有些发烫。我问他："那你怎么走到了现在？"

他听了，又笑了。在西餐厅工作了三年的章宇，无意中听说香港的米其林大厨要来大陆培训。每个餐厅都有限定的名额，当时是怎么也不会轮到他的。所以在大厨培训那天，他守在培训酒店的门外，手中捧着一盘自己做的牛排，等待那位大厨出来品尝。

连续三天的培训，他每天手中捧着不一样的西餐守着那位大厨，直到他讲课结束。

最后一天，那位大厨终于注意到了他，问他为什么要选择以这种方式出现在自己面前。章宇说："因为我不想只做个厨师而已。"

大厨一声不吭地走了，一个月过后，章宇接到大厨的邀请，章宇去了香港，跟着大厨进行了为期一个月的培训。

回到上海，章宇的身价也是水涨船高，他却依然待在那家西餐厅，职位一下子升到了主厨的位置。而后，当他知道有比赛时，就辞去工作开始专心参加比赛。

我问他为什么要来参加比赛，他说：“因为我想告诉曾经所有觉得我胆小懦弱的人，我章宇，就是章宇。”

2012 年底，我接到章宇的电话，他的西餐厅开张，邀请我去做客。我想，顺带还能帮他宣传宣传，也是一件好事。

或许我从来就没有想过当年的章宇会变成如今的章宇，就像我们当初一起嘲笑他的人，大概也早已忘记这个人。但是他过得很好。我终于知道了那年我采访他时，他眸子里是什么光芒。

是自信，是勇敢，是坚持。是自己肯定自己，是章宇就是章宇的坚定。

你怎么能轻易地就把自己抹杀得一干二净。要知道，哪怕别人姿态万千，那都是你人生当中的配角。你要知道，就算是朵野花，就算忍受风吹雨打，你一直都是你人生电影当中唯一不能缺少的主角。

不出去走走，你就会以为这就是世界

三天不上网，就感觉自己已经和网络脱节。周围的朋友都在谈论网上某某明星的最新资讯，什么网络新词一秒蹿红，在各大社交平台被网友当做潮流的标签争先恐后地卖弄着自己的幽默。

我和冉冉经常去猛追湾邮政大厦路口边的一家小店吃酸辣粉，那里以邮政大厦为中心作为市区各地经营性邮政局的中央机构，周边的房屋建筑都保持着上个世纪不夸张的低调奢靡风格。雨水风沙经久不息的磨砺，让它和周围花枝招展的建筑相比显得格外不同。

那家小店就在这种古旧、低矮风格的可控范围之内。老板是一对四五十岁的中年夫妇，本地人，说着地道的成都话。每次酸辣粉上来的时候，他就在玻璃窗口后面大声地喊：“XX 号，肥肠酸辣粉两碗。”

店里房高不到三米，装卤水调料的蒸锅煮着食材，噌噌的往上冒着雾气，屋子里白雾笼罩、芳香四溢。我跟冉冉冻得手脚冰冷，选了靠近热源的地方坐下。不一会儿，一个胖胖的女孩儿就端着两碗诱人的酸辣粉上来，她不说话，把食物放在我们面前然后转身就走。可能是因为太忙，她连看都没看我们一眼，可是我的目光却被她的身影带走，我跟冉冉说：“别吃了，把手给我瞧瞧。”

啧啧啧，在我连声嫌弃中。冉冉立即缩回了手，不忘顺带打我一下，“我手丑咋了，这可是一双日日夜夜翻书背单词，准备考托福的手。”说完之后胖女孩的身影在旁边匆匆穿过，冉冉白了我一眼，然后我俩低头就是一顿猛吃。

后来有次接到个陌生人的电话，叫我去北门口的保安室有人找。我赶到的时候只见一个穿着臃肿棉衣的背影在保安室门前踱步，她回过身来的时候我认出来是店里那个女孩。她看见我，从包里拿出一本书递给我，我一看正是冉冉找得天翻地覆的那本《托福词汇 10000》。扉页上标明姓名班级的中文字迹张牙舞爪，连作为她舍友的我都觉得脸上无光。

那天晚上我跟冉冉去过猛追湾吃酸辣粉以后，很长一段时间没有去。这天因为很晚的缘故，店里稀稀拉拉只有几个吃得差不多的客人。我们买了蛋糕往里走，穿过三个狭窄像迷宫一样的小厅，看见后院一大家子人正在吃饭。几个家常小菜和青岛纯生玻璃杯装的半杯白酒维系的家庭，就像寒冬腊月里炭火旺盛的炉壁让人觉得温馨美满。老板背对着我们端起酒杯喝得畅快，老板娘、阿婆、阿公一家人其乐融融地聊着家常。胖女孩儿正在扒饭，见了我们，丢下碗筷站起身来，嘴里还嚼着菜叶。

回家的路上，冉冉沉着脸跟我说："那女孩儿青春年少为什么不出去找个正儿八经体面的工作，这样整天蓬头垢面能找着男朋友吗？穿高跟鞋还能减减肥，其实她长得很漂亮。"我跟她说："你考托福想着出国抛家弃友就是对的了吗？"之后我俩不再说话，初春的寒风从我们身体的间隙穿过去，把心脏的温度变冷却。

去年的五月二十八日，还有期待和惊喜。时光旋转一个年轮的弧度之后，所有不谙世事的清透变成了快马加鞭的沉重。张小文把鲜花和礼物递交到我手上，用转身离去的背影告诉我，他接受这场和平分手，是因为他愿意用更多的爱和等待去拥抱她追逐梦想的轻盈自由。

我换了身衣服去图书馆把冉冉揪出来，然后去操场巨大的白炽灯下喝啤酒，一罐两罐三罐四罐，直到周围摆了一圈干瘪的罐子，在风里经不住诱惑，摇摇晃晃。我说："今天张小文来了，他给你买了礼物。生日快乐！"我拿起啤酒碰过她愣住失神的罐子，酒洒了出来。

考试的前一个星期，我陪她去猛追湾那边的街道买东西，然后又去了那家店吃东西。经常光顾老板已经认得我们，但是这次女孩儿不在。老板说她怀孕了，回老家摆酒结婚去了，过两天他们也要暂时关门歇业了。让我们今天多吃点，老板请客。老板满面喜悦地哼着歌，像一棵开满花的树。

九月的时候，冉冉考上了托福。她在电话里给我传递信息的时候，我仿佛都能感觉到她的身体在空中飞荡。

我们是高中认识的，同桌，我老爱睡觉，可是一到英文课的时候她总把我叫起来听课。她说："你不觉得英语很美吗？说出来都觉得很有面子，以后要是有机会出国跟老外交流想想都觉得振奋人心。"

现在她终于如愿以偿可以出国了，我想作为好朋友的我应该为她高兴。可是我的开心里却有种复杂的情绪。在她决定跟张小文分手的前一段时间，我问她："你真的愿意斩断你们三年的感情去一个陌生的国度，那里到底有什么好？没有我们这些朋友，你真的什么都不在乎？"她说："我也不知道，我一直想出国，我就是想出国！出国！出国！"

欢庆新年的时候，宿舍里已经空了一个床位。我们五个人聚在一起吃吃喝喝，笑笑闹闹却总觉得分量不够。

后来我一个人去猛追湾的小店吃酸辣粉，女孩回来了，肚子圆圆的。她坐在我对面摸着肚子脸上播放着幸福的微电影。这时候一个陌生的男子走过来，低着头靠近她在耳边说些什么，然后女孩站起来跟我说她先进去了，让我慢慢吃。

我想那一定是她的丈夫吧。

她肚子那么大了，为什么还要来店里。丈夫也一起来了？不会以后生了孩子还要一起在这个小店里生活吧。

那天晚上我给冉冉发了一封邮件。告诉她在美国要好好照顾自己，因为那是你用坚韧孤独换来的崭新世界。

生命是一份特殊礼物，不到最后你永远不知道收获什么惊喜

自母亲怀胎十月后呱呱落地，你就这般降临世间，从此背负许多无法自我控制的事情。这些事情或许会将你沾染入尘再也不像话，也或许会将你几番变化坚强无敌，但无论是哪种变化，你都需将灵魂洗涤，让自己一路向前，无畏无惧。

小镇上有卖花姑娘，年纪不大，约莫十一二岁。正因年纪小，她卖花摊子也不太大，通常就是一个竹篮，倒置在地，花朵摆在上面。小镇因风景优美，历史悠久，故前来游玩的人比较多，特别是周末和黄金周，卖花姑娘恰逢此时放假，所以会来这里

售卖。

她出身花农之家，家里的花通常要送到花贩或花店手中。每次她都会选上一些，要么栽种在盆里，要么连枝一起剪下，有时还会将落下的花朵串成花环。

姑娘因为年纪小受到许多人喜爱，旁边婆婆大娘卖的花环五元，她三元就可以。而且其他人的花均是黄绿颜色，而她卖的却是惹人喜爱而且艳丽的花朵。嫣红乳白加些翠绿，花就像有了灵气一般，前来写生或摄影的人们都喜欢买上一些。

这样一来，只要她来卖花，基本上都会卖光。

久而久之，一个不曾被人放在眼里的小姑娘就变得有些碍眼起来，但那些老太婆也无法做些什么，只能在那些游客来买自己花时添油加醋编些胡话，“你们莫要看那个小姑娘的花漂亮，都是次等花，由别人不要的捡回来的。只有我这花才是今天早上才摘的，新鲜得很。”

小姑娘眸子如墨，两个辫子甩在身后，有时碰到这些老太婆在瞎说，她也不阻止。反正，她来卖花的时间并不长久，而这些人却不能满足，毕竟生意最好的时间，都有小姑娘来抢老太婆们的生意。

久而久之，小姑娘在小镇上出了名，在学校里出了名，有的同学嬉笑她贪钱，竟然为了挣钱自己去卖花，虽然有的同学会帮家里卖东西，可是哪有自己单独去卖的。

不过，小姑娘却不以为然，卖花仍旧背着大背篼，眸子晶莹得像花瓣上的露水。小姑娘一笑起来，偶尔还露出一排整齐的牙。

那些花儿就在她的背篼里安稳住着，她不觉得累。

有一天，一位摄影师来小镇采风，无意拍下她回眸一望的模样。依旧是两只辫子，碎花衣裳，蓝布裤子，脚下一双黑布鞋，笑起来一排整齐洁白的牙。她回头，背篼里的花朵遮住她的脑袋，几枝花旁，就留了个这样清澈的笑容。

这般灵秀的照片，摄影师传到网上后，引来许多网友关注，更多摄影师想要来瞧瞧这个卖花姑娘。于是小镇上的游客，比往年来的多了。

卖花姑娘依旧只在周末和放假的日子卖花，不过有时卖着卖着就会有照相机对着她，她不以为意，露出各种恬静的表情。

有人为了给她搭话，也会买花，所以她的生意越来越好。

不过，她却没有想过这是因为什么，直至有一天，一位摄影师拍了她后又拿照片给她看，告诉她她很漂亮，要不要当他的模特。

小姑娘这才意识到事情不对，一下慌了神，摇头。摄影师也不灰心，隔三差五来看她一次，每一次都会拍上一些照片。

直到这些照片被学校的老师发现，老师们一阵惊呼，纷纷觉得小姑娘这次能够为小镇做出贡献，甚至有可能带动小镇发展，为小镇经济做出贡献。

可小姑娘却并不这样想，虽然有好看的照片，但她更想要一个安静的环境，要那个别人只喜欢她的花，而不是许多眼睛都监视着她的环境。

这种环境下，她变得有些呆滞，不知手脚该往何处放。在不知情况之前，她是可以随意的，甚至可以活蹦乱跳，看别人家卖的小玩意儿。但是现在，她除了在一处角落安静地守着背篼，就再也不知要怎么办。直到后来，她再也不愿意去小镇卖花。

这样的生活持续了很长时间。

当她终于慢慢淡出人们视线时，她开始松一口气。

任何事情人们都是会疲劳的，当他们不再关注她，她就会慢慢淡化出来，她就可以再过上正常的生活。

可现实并非如此。

有一位导演看中了在网络上红极一时的她，专程来到小镇，挨家挨户地问。在找到她后，激动不已。

他想让她演自己新电影里面的角色，不需要太多演技，因为角色本就是一个农家姑娘，如果她愿意，他可以带她走。

这一次她没有拒绝。

拍戏她虽然不了解，但如果有钱的话，那应该能修一修屋子了，不然屋子老漏雨。也能让母亲去大城市治治腿，不然她一到阴雨天，就会痛得晕倒。

这一次，她与导演同行，但是母亲放心不下，想和她一起去。最终，父亲去了，家里有花需要养，而且母亲的腿脚，不适合远行。

再加上若是真有个什么不对劲，父亲是个男人，能够有更多的安全感。

她被导演选中的消息一直都是保密着的，无人知晓，到了开机那天，她拿着背熟了的台词，开始自己的演艺之路。

从未受过专业培训，只在前几天有过老师指导，但尽管如此，她的演技也还不错，毕竟是本色演出。

戏演完后，她回到小镇，继续过着自己平静的生活。电影上映后，大多人知道她在这里面，有许多骂声，也有许多支持的声音。

当然，这些她都会听见，因为这期间她学会了利用互联网来获得有效信息。当看见那些评论如潮水般涌来，她有些惊慌，却很快镇定。

她决定，再也不去演戏了。

母亲的腿是她和父亲在暑假陪着一起去北京治疗的，效果理想，出门前父亲将花都交给了姑姑打理。回到小镇时，姑姑告诉她，又有人来找她，不过知道她去北京了以后，就没有来了。

小姑娘抿唇，并不言语。

此后她再也没有卖过花。

许多年后，她离开小镇，大学毕业，她用多年积蓄给自己开了一家花店，所有的花除了国外运回的，还有父亲那亩花田种的。

她戴着围裙，每天精心修剪花枝，用心迎接每一位前来的客人。在这座城市，并不缺少眼尖的人，不知道是谁询问她的名字，她如实说出，一时间堆起了千层浪。

陆续有本地报社前来询问，她都拒绝采访，她如今出落得亭亭玉立，与多年前的她仿佛没有什么变化，但又确实有了变化。她不愿再惹人非议，她不愿再面对这许多双眼睛，她宁愿清清静静地过日子。

慢慢地，大家都失去了兴趣，犹如多年前一样。

卖花姑娘开始在这座城市生根，将父母接到了这里，家里的花田就暂由旁人管理。再后来，她遇到了心仪的人，两人相爱结婚，最后生下了一个儿子。

儿子三岁的时候她回到了小镇，小镇始终有着太多眷恋，她将儿子送到小镇的幼儿园，自己和父母一起种花卖花，城市的花店她早就盘了出去。

若不是一心一意地想做个清新寡淡的人，怎么会就此远离名利。

她在自己的博客上写道：无怨无悔，方得始终。

从小镇走出去，再回到小镇，山清水秀，诗情画意，没有城市喧嚣，没有世俗纷扰，天亮公鸡打鸣，天黑草丛里的蛐蛐歌唱。

一切生活都源自你想要的最初，若是你不想要过这样的生活，改变就可，今日卖花明日卖酒，人生本就须尽欢，你又有何愁苦？

浪花的汹涌不会出现在井底，你不跳出来就别等机遇

蜡烛的光芒不抵整个壁炉，碗里的米饭不抵满锅米糊，鱼缸里的金鱼不抵大海中的鲸鱼，总有人在抱着侥幸和贪婪，然而，什么才会让人有所满足？

你抱着一个橙子就妄想要一个果园，你抱着一杯咖啡就想开一家咖啡店。

所有事情并不会在你的妄想中就得以实现，坐井观天所能见到的天又有多大，只有在你的付出与得到成正比时，你所奢求的一切才会得以回报。

一分耕耘一分收获，这句话再合适不过。

过年杀鱼宰鸭的事情，一般都是由我来做，母亲怕血，所以这些事情自然而然便落在我身上。除夕前夜，我在厨房忙着将鸡鸭鱼该宰杀的宰杀，该收拾的收拾，母亲告知我一个消息：家里马上有客人要来。

我望着窗外大雪，心里想，这种天气，会有什么客人呢。

于是除夕前夜，家里迎来一位特殊的客人。他带着皮帽，一身夹克黑亮黑亮的，穿着短靴很有精神地立在那儿。眼睛里始终带着精神气儿，只是双鬓有些花白，眼角微微有些皱纹。一见我，他就扑过来抱住我。

“都长这么大了？”他说。

我突然想起小说里的江湖客，也是这样带着精神头儿，一正面打交道永远都会一副熟稔的样子，而我却并不喜欢这样。

我家刚搬到城里没两年，以往在农舍时，哪怕是平常日子，左邻右舍都会来唠上几句家常。并不说其他，就讲自家儿子怎么样，你家孩子怎么样，说来说去无非是这些事情。不过那些时候家门热闹至极，客人从未断过。

父亲也是爱这样的热闹，在客人来时，总是搁着一些新鲜果子，要么就是一些瓜子花生。那些人倒也不客气，最喜欢的莫过于自家炒的南瓜子。炒出来的南瓜子我是不会嗑的，但我母亲会，手抓一把，一眨眼功夫，她就给嗑得一干二净。

他们说高档的皮衣穿起来就会有油光的感觉，当我看着这位叔父辈的人坐在那里一声不吭地嗑南瓜子时，心里的弦蓦然松了那么一些。

毕竟家里许久没来过客人，刚好父亲去了姑姑家，明日才与姑姑们一起回来，母亲手慌脚乱地招呼着客人，我在一旁也局促得很，那位叔父一瞧我这模样，眉眼一软，霎时温和，拍拍身旁的沙发对我说："过来坐。"

他有一种魅力，我怀疑他身怀巫术，因为我真的就挨着他坐了下来，母亲在厨房后给父亲打了一个电话，打完之后笑眯眯对他道："你等一下吧，你哥马上就回来了。"

哥？我愣了一下，想到以前我爸妈经常提到的三叔，我有些摸不着头脑。我父亲在家里排行第二，他有一位姐姐，就是我姑姑，还有一位弟弟，我叫三叔。可是，我从小对这位三叔印象就浅，大抵是他抱过我的，所以他见到我的第一眼就抱住了我。

可是，我却并不知道，这个三叔，这些年来到底是在哪里干着什么，因为每次我爸妈都会说，"你三叔啊，哎……"

我父亲大约三个小时后才到家，他和有些肥胖的姑姑一起来的，还有姑姑的丈夫，以及他们的的女儿，我的表姐。

一见到三叔，姑姑就像失控一样，瘫软在地上，嚎啕大哭，我爸也跟着眼眶湿润，我不明所以地看着他们上演一场认亲大会，后来，我才慢慢了解了些眉目……

二十多年前，三叔二十出头，那时我才出生不久，他来我家照料了半个来月，就背着行李走了，只留了一纸家书给姑姑和父亲。那时爷爷去世早，家里并无老人，而三叔当时也并未结婚，所以走得很是潇洒，却惹得我父亲和姑姑牵肠挂肚。

他不愿意在农村里待下去，他并不想一辈子靠务农为生，像他的父亲，我的父亲一样，面朝黄土背朝天，一辈子过着日复一日的生活。

年轻气盛的三叔认为那无疑是在温水里煮青蛙，迟早会将他煮熟，所以他才在水还未烧热之前，着急地跳了出去。

谁也不知道三叔去了哪里，那个年代家里没有电话，三叔每个月都会寄一封信回来。地址总在变，有时在上海，有时在北京，有时又在天津，没有人知道他会在哪一站停歇，做着什么。寄回来的信永远都在问家里人怎么样，过得好不好，有没有什么不舒畅的事情。

那个时候，三叔就像一个浪子，开始了漂泊不定的生活。最后一站是在南京，他告诉我父亲，他在学修车。这之前他学会了修自行车，基本的问题结构，他跟了一个月的师傅就学得透透的。

后来，他觉得这样不成，应该学学怎么去修汽车。

那个年代在我们农村，有一辆摩托车就已经是一件了不起的事情了，就更不要说汽车。我父亲买了一辆摩托，又给我母亲买了一辆，所以我从小就一直觉得自己家还是很洋气的，毕竟村子里没有谁能像我们，第一户买摩托，一买就是两辆。

那时的三叔就已经开始觉得这是个门道，开始去钻研汽车维修，在第一家成立的汽修厂里打工。

那个时候的厂子很严格，并不像现在只要身体健康什么都可以，那个时候进厂还需要花费些力气，没有熟人通通人脉，是很难进去混出个一二来的。三叔也就是在那时，发挥了他的交际特长。

他把身上所有的钱分成三份，一份请人吃饭，一份四处打点，剩下那份就拿来存着，以防万一。在外漂泊他当然知道人心险恶，但是因为他是一个光杆司令，天不怕地不怕，也没有谁敢得罪。他性子也野，从他丢下信离家就可以看出。

他这样的人，注定受不了束缚，但他硬在汽修厂干了五年。

这五年他娶了汽修厂一位姑娘，那位姑娘在搞管理，为人很善良，也特喜欢三叔，两个人并没有图个什么就选择了在一起。结婚后，两个人拿出了所有积蓄并借钱开了一个小的汽修店铺。这样经营了几年，名气渐渐大了起来，两人开始将店铺搬到更大的地方，也开始准备要孩子。

就这样，在外辛苦打拼的三叔其实并未有过什么了不起的事迹，他之所以能够忍受外面的孤苦寒冷，想必是预料到今后该有的这些回报。

他坐在我身旁，拍拍我的肩，语重心长地说："如果我永远待在农村，或许就一辈子没有出路，这些年我也没有后悔过，唯一挂念的还是你们。"

三叔在我们家留宿了几天，走的时候紧紧抱住我父亲，双眼通红。他说，大概再过几年，他就回来，回来和亲人团聚。只不过，他现在还贪恋风尘，想要继续在那里闯出个名堂。

果然，三叔做到了。

几年后，他的汽修公司在我们城市扎根，而作为管理者，他将公司交由他的儿子打理。我那个表弟还算能干，管理起来没有一丝纰漏，一点也不像纨绔子弟。不得不说，三叔将他的儿子，教育得很好。

那之后我一直记得三叔说，如果他永远待在农村，或许就一辈子没有出路。

然而，并不是所有人都只有离开农村才会有出路，创业失败的人那么多，大多是因为自身不努力而产生的结果。**天道酬勤，你只有跳出去，才能看到世界有多大。缩在那一片井底是很安逸，并且很舒适，但是头顶一片天，永远不可能阳光明媚。**

你是独一无二珍贵的你，由不得他人不珍惜

忘记哪本书上说过：上帝是残忍的，他将最好的东西展现在你的面前，让你感觉它是唾手可得的，却又转眼间就将它拿得远远的，让你再也触碰不到。

就是这样，他任性地开着玩笑，让人类在一次次的满足与不满足中挣扎，无法自拔。

如此残忍，却又如此真实。

何匆不喜欢拥挤的地铁，话说，也没有几个人会真的喜欢。不知道父母是怎么想的，大概是觉得他出生太过匆忙，所以才

取了一个匆字。不过他又姓何，这样看起来，有些何必匆忙的意思。

从小到大，他一直按部就班地生活，按理说，有时候能够按部就班也算是一件好事。他心里虽有抱负，却甘愿在公司勤勤恳恳工作。像家里耕田的黄牛一样，几乎是不会反抗的。

他没有一张颠倒众生的脸，相对而言，他甚至只能算是大众脸。常年戴着黑框眼镜，所幸，这让他并不出众的脸，微微有了些书卷味。

也正是这样，他才会过着平凡的生活。

在市中心工作，却要在二环外和别人租着房子，早上八点起床，穿衣洗脸刷牙加上下楼买早餐，约莫需要十分钟，然后就是去挤地铁。

地铁在高峰时段是不容易挤上的，不过要是错过了，就得等下一班。如果等下一班，就意味着要迟到。他并不想迟到，因为迟到，就意味着这个月工资上面没有了全勤，还得被扣迟到的钱。

就是这样，他一直勤勤恳恳。到了公司，在电脑前奋战。中午随便在楼下饭馆吃点米线或是炒饭，接着又回到公司继续工作。

公司并不大，只在一层楼里，一间并不大的工作室。公司的人也算不上勤劳，很多人都在偷懒，有着想混一天是一天的想法。偏他就那么认真，所以至今没有女友。

但是他并不是没有过女友。他的女友比他看起来要清秀得多，知书达理，和他温柔的性格也比较符合。但还是没能走到最后，她最终变成了前女友。

陆陆续续也有喜欢的女孩子，却并不热衷。他心里像是有着一根刺，长久扎在心里，怎么也拔不掉，应该是与肉长在一起了，不然，为何这么难以除去。

但是这根刺，却在某一天，神奇地消失不见了。

是谁说，要忘却伤痕，要么时光，要么爱人，如果你还对前一段感情恋恋不舍，那么就是你还未遇到你最爱的人。

一次机缘巧合，他的大学同学来到这座大厦上班，很巧合的就在他的楼下。每天中午，他有了新的伙伴，不再是形单影只，一次去找这位同学的时候，看见了他办公室里一位姑娘，出落如水中芙蓉，一笑一颦都是一个美妙的镜头。

他没和她说过一句话，但是，他喜欢上了她。

不知这种感觉为何如此强烈。慢慢地，当他去找同学的时候，竟然开始不自觉地瞟向那位姑娘。和同学聊天中，也有意无意地提起她。同学没有察觉，毫无保留将她的信息告诉他。

原来，她是公司老板的亲妹妹，在公司算是一位管理人员。因为毕业不久，没有什么管理经验，所以跟着哥哥一起学习。

而他想到自己，毕业两三年，到如今还只是默默无闻地加班熬夜，挣取那一点微薄的工资，这实在有些太伤人心了。

他喜欢那位姑娘，他想去表白。

当然，这需要那位同学的帮忙，但是，他并未告诉同学。知道了她的名字，她的职位，在同学手机上就能很容易地找出她的电话，还有他工作账号上她的资料。

他通通都记了下来，有时候会觉得自己这样有些可怕，但一想到这些都是因为喜欢她，那是情不自禁的喜欢，他又开始放任自己这样做了。

一开始，他给她发短信，并不告诉她是谁，每天的短信从来都不会间断，他读过许多书，自然知道很多优美的句子，当然，他也知道，女孩子，终究是爱浪漫和动听的话语的。

那些话由他编织，发给她，然后任由它们石沉大海，他并不灰心，终于一个月过后，她回复了短信："你是谁？你为什么要给我发短信？"

他回复了她"深爱你的人。"

发了后他的脸颊就有些烫，这才认识多久，他就觉得自己已经深爱她了。要不是这些年从未有过如此动人的人出现在自己生命里，他就会一直保留着那根刺到现在。他很感谢那位姑娘，从始至终。

他开始忐忑不安地猜想，如果她知道自己的身份后，是什么样的表情，惊讶还是惊吓，又或者还有惊喜？不过，他更相信前一个。

过年回家，家里长辈盘问他的情感生活，觉得他老实可靠，又肯吃苦，所以都想给他介绍一个踏实的姑娘。他也不是没去过，那些姑娘甚至都不如他的前女友，他有些明白了那句话。

“看你的相亲对象怎么样，你就明白了你在介绍人心中的情况是怎么样。”

他突然很懊恼，心灰意冷起来。并不服输，约了那个同学一起喝酒。两人喝到迷蒙时，他头有些晕，傻傻地问：“为什么我不能拥有更好的？”

他说：“世人都说要与之相配，是我不够好，所以我不能去追求比自己更好的吗？”

那位同学并不想看他伤心，却又不愿他就此堕落，索性宁愿让他死心：“那个姑娘已经结婚了，我不知道你这么迷她。”

语气里一丝迟缓都没有，说得清晰无比：“你又何必折腾自己，该来的，该走的，迟早都会有个结果……”

他却极不甘心，一直询问那位同学：“是我不够好？可是我就是如此，我就是平凡，我没有好皮囊，我没有高智商。我尽力做了我所有能做到的事情。你告诉我，这究竟是为什么？”

那位同学顺着他的话答了下去：“是啊，你就是你，只有你一个，和别人没法比。”

他辞了工作，并不是突然决定，他想到一家更好的公司去发展，不过在此之前，他想来一次远行。

书上说，来一次说走就走的旅行，是一件很洒脱的事情。

可是洒脱完后，又该谁来为这洒脱买单？他并不笨，也没有那么冲动，一边旅行一边记录，有时候还在旅行的城市兼职打小工。

比如有时他会帮忙卖椰子，工钱仅要几个椰子，有时跟着渔夫一起网鱼，晚上跟着他们睡在一个屋子，隔着房间墙壁，他能听见渔夫鼾声如雷。

他突然就想通了，在回去的头几天就开始投简历。

所幸，他很快被录用上，新公司的机制比上一个要完善许多。人性化管理也要好许多，待遇就更不用说。他有真才实学，就算在这大城市，他也是一个能自食其力的人。

半年后，他和公司里一位姑娘在一起了。那个姑娘小家碧玉，一笑起来梨涡深深。家境中等偏上，却从不显摆，倒追了他半年，终于在一次聚会上把他拿下。他觉得自己是上辈子积了德，所以才会有这么好的姑娘。

三年后他们结婚，婚房是他买的，没有找父母要过钱。

他们没有举行婚礼，倒是去了一次长途的旅行，他把所有假期放在年假前后，这样，他的假期时间就很充裕了。

那位同学打电话恭喜他，他却一直感谢同学，他们彼此都知道是感谢什么。

感谢自己，从不去辜负自己。

旁人不懂你的好也就罢了，你怎能不明白自己的好？人人都想得白玉而舍砖瓦，而这世上又有多少阳春白雪？

一些机缘巧合，无非是你自身前去争取的流转。因为你就是一件珍贵礼物，他人不珍惜，你怎能，不爱惜自己。

（全文完）